건설현장의 재해예방을 위한

건설기계 특별안전교육

예문사

안전교육은 '의무'이기 이전에 '생명'과 직결된 절대적 가치

오늘날 건설현장은 첨단기술의 발전과 함께 대형화, 고층화, 그리고 복잡화가 빠르게 진행되고 있습니다. 이러한 변화는 생산성과 효율성을 높였지만 동시에 안전사고의 위험을 크게 증가시켰습니다.

특히 타워크레인, 건설용 리프트, 이동식 크레인, 항타기, 지게차, 고소작업대 등과 같은 건설기계는 현장에서 필수적인 장비인 만큼 잘못된 사용이나 불충분한 점검, 안전수칙 미준수는 단순한 작업 지연을 넘어 인명 피해와 사회적 손실로 직결됩니다.

이 책은 이러한 위험을 예방하고자 건설기계의 구조와 특성, 점검 포인트, 설치 및 해체 절차, 주요 안전장치, 관련 법규, 그리고 실제 사고 사례와 교훈을 종합적으로 다루었습니다. 단순한 장비 설명서가 아닌 현장에서 바로 적용할 수 있는 실무 중심의 지식을 종합적으로 정리한 실무 지침서입니다.

안전은 결코 형식적 절차가 아닙니다. 안전교육은 '의무'이기 이전에 '생명'과 직결된 절대적 가치이며, 한 사람의 부주의가 동료와 조직, 나아가 사회 전체에 심각한 피해를 남길 수 있습니다. 따라서 우리는 안전을 비용이 아닌 투자로 바라보아야 하며, 예방 중심의 안전관리야말로 건설현장의 지속 가능한 발전을 이끄는 핵심임을 잊지 말아야 합니다.

이 책이 건설현장 곳곳에서 '안전이 곧 경쟁력이다'라는 인식이 확산되는 데 작은 디딤돌이 되기를 바랍니다.

끝으로, 이 책의 집필을 위해 자료와 경험을 나누어 주신 많은 현장 관계자와 안전 전문가들께 깊은 감사를 드립니다. 본 지침서가 건설현장과 관련된 업에 종사하는 분들을 비롯한 많은 독자들에게 실질적인 도움이 되기를 바라며, 앞으로도 건설현장의 무재해를 위해 함께 나아가기를 희망합니다.

2025년 08월

건설기계기술사 **방 승 식**

PART 1

건설기계 현황 및 점검 기본지침

1. 입고검사 점검 항목 ………………………… 2
2. 입고 및 설치 시 서류 준비사항 ………………………… 3
3. 건설기계 기종별·연도별 등록현황 ………………………… 4
4. 건설기계 기종별·시도별 등록현황 ………………………… 6
5. 건설기계 기종별·세부사유별 말소현황 ………………………… 8
6. 건설기계 조종사 면허의 종류 ………………………… 10
7. 건설기계 기종별·연도별 면허현황 ………………………… 12
8. 건설기계의 종류 ………………………… 14
9. 안전학개론 ………………………… 22

PART 2
주요 장비별 점검 방법

1. 타워크레인 ··· 28
2. 건설용 리프트 ··· 88
3. 이동식 크레인 ··· 112
4. 항타기(천공기) ·· 154
5. 지게차 ·· 168
6. 고소작업대(T/L) ·· 182
7. 롤러 ··· 196
8. 도저(페이로더) ·· 204
9. 불도저 ··· 208
10. 차징카 ··· 212
11. 덤프트럭 ·· 218
12. 콘크리트 펌프카 ·· 224
13. 콘크리트 믹서트럭 ··· 232
14. 콘크리트 플레이싱 붐(CPB) ···························· 238
15. 고소작업차(AWP) ·· 250
16. 굴착기 ··· 262

PART 1

건설기계 현황 및 점검 기본지침

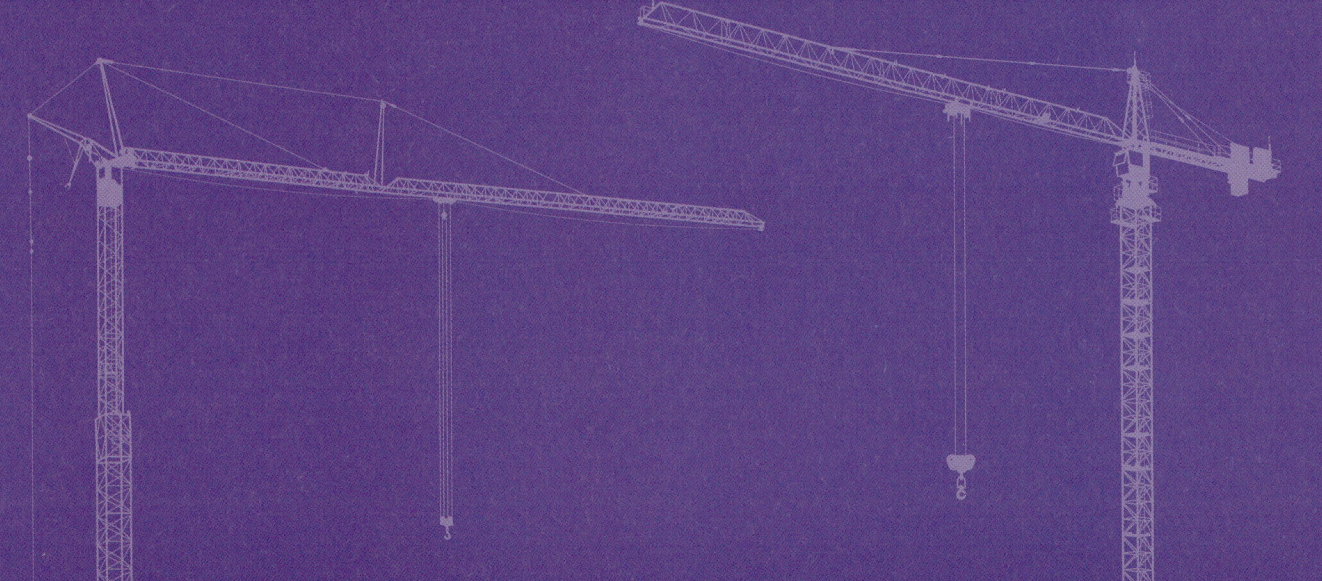

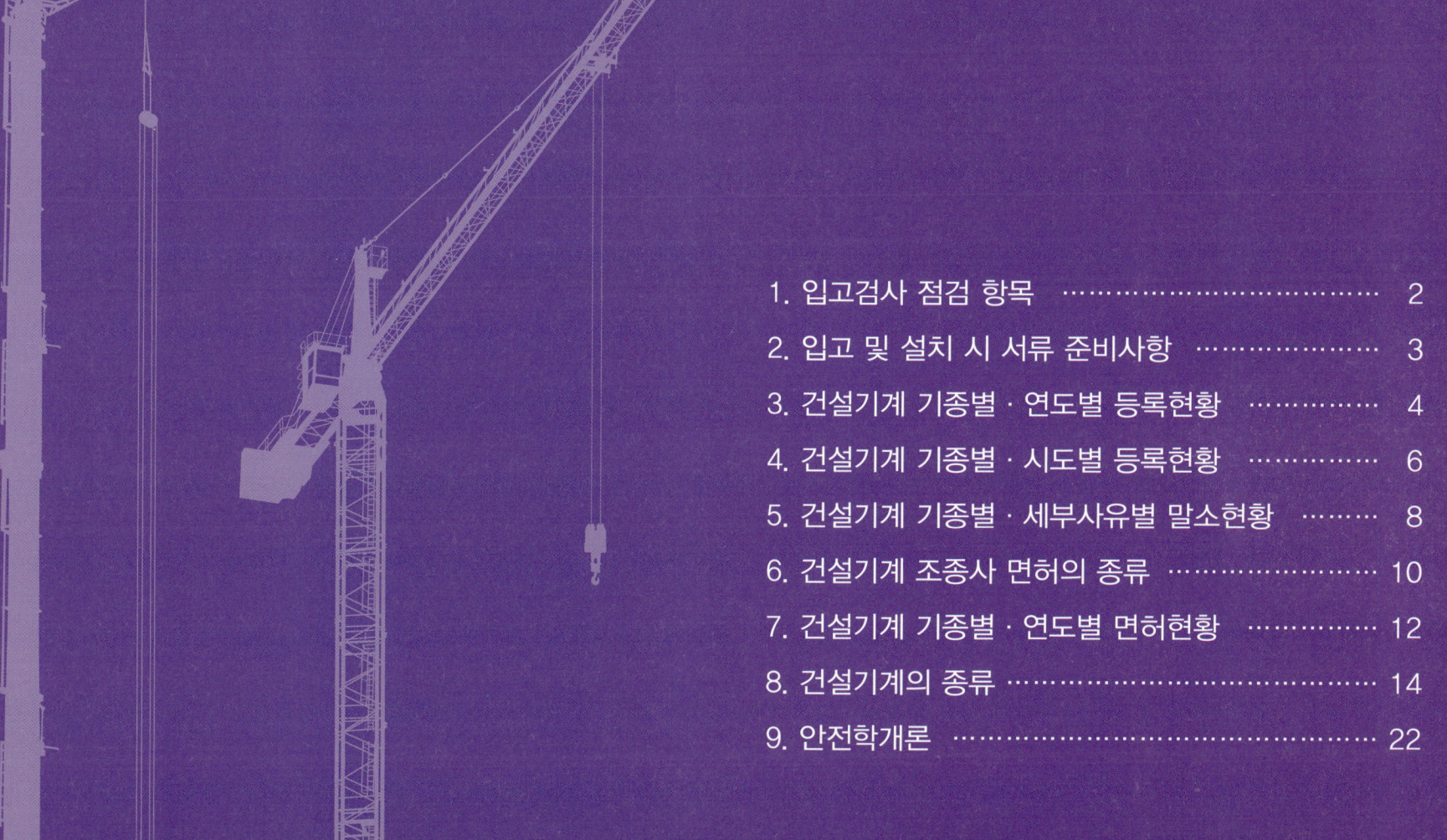

1. 입고검사 점검 항목 ·········· 2
2. 입고 및 설치 시 서류 준비사항 ·········· 3
3. 건설기계 기종별·연도별 등록현황 ·········· 4
4. 건설기계 기종별·시도별 등록현황 ·········· 6
5. 건설기계 기종별·세부사유별 말소현황 ·········· 8
6. 건설기계 조종사 면허의 종류 ·········· 10
7. 건설기계 기종별·연도별 면허현황 ·········· 12
8. 건설기계의 종류 ·········· 14
9. 안전학개론 ·········· 22

1 입고검사 점검 항목(공통사항)

점검 항목		적용 기준	비고
장비의 구조변형 상태		제작 시 형식 승인을 득한 원형을 유지하고 있을 것	등록, 검사증 참조
계기 및 조종장치		① 계기판의 모든 계기는 정상 동작할 것 ② 브레이크, 클러치, 조향장치, 제동장치 등 모든 장치는 정상 동작할 것	
각 구조부 체결 상태		용도에 맞는 형식과 규격의 볼트로 탈락이나 풀림이 없이 체결되어 있을 것	
연료, 유압 작동유, 엔진오일, 냉각수 등의 누출		① 장비의 기능이나 안전에 영향을 미치지 아니하는 누설의 경우 지면을 오염시키지 아니하는 수준일 것 ② 기능이나 안전에 영향을 미칠 가능성이 있는 부위의 누설은 미세 누유라도 입고 불가	
주행장치 점검	타이어 형식	① 타이어 체결 휠볼트, 너트가 파손이나 탈락이 없이 전량 견고히 체결되어 있을 것 ② 타이어식 장비의 경우 적정 공기압이 유지되어야 하며, 폼필드(Form Filled) 타이어의 경우 적정량의 폼(Form)이 충진되어 있을 것 ③ 타이어는 스레드(Thread)가 온전히 유지되어 있어야 하며, 큰 손상이나 편마모가 없을 것	각 장비별 기준에 준함
	트랙 형식	① 트랙이나 체인은 파손, 탈락, 과다 마모 등이 없을 것 ② 트랙의 신장 상태는 적절할 것 ③ 각종 롤러류와 스프로킷(Sprocket)은 과다 마모 또는 편마모가 없을 것	
경광등 부착 여부		육안 식별이 쉬운 상부에 설치되어 정상적으로 동작할 것	적색으로 통일
라이트 및 기타 램프 상태		전조등이나 후미등 기타 모든 조명은 정상 작동할 것	
소음발생 상태		정상적인 작동음 외의 이음이 발생하지 않을 것	
매연 상태		과도한 매연을 발생하지 않을 것	자동차 매연 단속 기준에 준함

2　입고 및 설치 시 서류 준비사항

구분	입고 시 확인사항	설치, 해체, 상승 시 확인사항
타워크레인	① 제작증명서 ② 장비이력카드 또는 수입면장	① 작업계획서 ② 산업안전공단교육(신규, 보수) 수료증 사본 ③ 설치, 상승, 해체작업 보험가입 증빙서류(근로자재해보상보험 포함) ④ 구조검토서 – 상승작업 [월 브레싱(Wall Bracing) / 와이어 가잉(Wire Guying)]
기타 장비	① 중기등록증 ② 보험영수증 사본 ③ 운전자면허증	

3. 건설기계 기종별·연도별 등록현황

(단위 : 대)

구분	2010	2011	2012	2013	2014	2015	2016	2017	2018	2019	2020	2021	2022	2023	2024	2025
총계	374,904	387,988	400,307	414,658	430,094	445,722	465,296	487,318	501,646	508,005	517,736	532,240	541,070	549,383	556,169	554,381
1. 불도저	4,262	4,190	4,125	4,049	3,972	3,880	3,769	3,727	3,667	3,593	3,527	3,427	3,051	2,922	2,860	2,786
2. 굴착기	117,306	121,847	126,065	130,449	133,388	136,244	139,562	145,509	150,573	153,028	157,740	164,701	169,594	174,213	177,770	178,080
3. 로더	16,686	17,325	18,267	19,403	20,624	21,979	22,979	24,359	25,775	26,873	28,197	29,648	30,448	31,220	31,849	31,819
4. 지게차	125,107	132,975	140,455	147,798	156,612	164,983	172,284	181,677	189,592	195,472	200,968	207,721	211,977	215,804	218,978	217,797
5. 스크레이퍼	19	19	22	22	21	21	21	21	21	21	17	7	5	5	4	4
6. 덤프트럭	54,981	55,695	55,029	54,436	54,395	55,023	58,798	60,696	59,998	57,917	56,624	55,876	54,930	53,982	53,688	53,445
7. 기중기	8,633	8,681	8,770	9,049	9,410	9,758	10,162	10,663	10,657	10,458	10,466	10,657	10,790	10,902	11,152	11,176
8. 모터그레이더	784	784	788	779	768	753	736	718	659	633	613	585	555	541	515	505
9. 롤러	6,149	6,277	6,343	6,384	6,397	6,417	6,437	6,499	6,650	6,802	7,000	7,274	7,340	7,472	7,669	7,728
10. 노상안정기	1	1	1	1	1	1	1	1	1	1	1	1	0	0	0	0
11. 콘크리트배칭플랜트	40	42	43	45	52	52	64	75	75	67	72	72	69	69	70	67
12. 콘크리트피니셔	131	129	126	125	124	125	133	145	144	137	137	130	120	118	115	113
13. 콘크리트살포기	4	4	4	4	4	4	4	4	5	4	4	2	0	0	0	0
14. 콘크리트믹서트럭	22,179	21,493	21,616	22,146	23,179	23,785	25,442	26,492	26,737	26,460	26,147	26,111	26,326	26,505	26,453	26,268
15. 콘크리트펌프	5,044	5,104	5,230	5,475	5,816	6,370	6,676	6,974	6,970	6,713	6,445	6,252	6,025	5,895	5,704	5,569
16. 아스팔트믹싱플랜트	12	11	11	9	7	7	7	4	4	2	1	1	1	1	1	1
17. 아스팔트피니셔	781	795	806	835	869	903	923	963	1,033	1,041	1,047	1,047	1,023	1,015	1,006	1,003

(단위 : 대)

구분	2010	2011	2012	2013	2014	2015	2016	2017	2018	2019	2020	2021	2022	2023	2024	2025
18. 아스팔트살포기	90	84	80	78	82	81	80	86	80	84	86	87	80	83	87	88
19. 골재살포기	1	1	1	1	1	1	1	1	1	1	1	1	1	1	2	2
20. 쇄석기	426	415	419	421	426	421	413	409	399	384	374	370	346	331	318	299
21. 공기압축기	4,299	4,265	4,251	4,232	4,333	4,546	4,496	4,531	4,485	4,380	4,317	4,289	4,106	4,095	4,057	3,978
22. 천공기	3,261	3,371	3,454	4,290	4,820	5,013	5,133	5,785	5,981	6,025	6,051	6,095	6,046	6,057	6,064	6,022
23. 항타 및 항발기	667	697	729	747	770	808	870	949	978	1,021	1,077	1,142	1,212	1,241	1,252	1,224
24. 자갈채취기	36	38	33	32	29	26	23	22	22	21	20	17	16	15	14	11
25. 준설선	251	244	235	237	231	228	212	195	177	175	164	142	134	132	122	117
26. 특수건설기계	431	468	504	538	592	620	638	651	679	681	679	677	664	650	634	642
27. 타워크레인	3,323	3,033	2,900	3,073	3,171	3,673	5,432	6,162	6,283	6,011	5,961	5,908	6,211	6,114	5,785	5,637

※ 2025년 06월 기준 : 타워크레인 총 5,637대 중 3톤 미만 1,404대, 3톤 이상 4,233대

4. 건설기계 기종별·시도별 등록현황 (2025년 06월 30일 기준)

(단위: 대)

구분	서울	부산	대구	인천	광주	대전	울산	세종	경기	강원	충북	충남	전북	전남	경북	경남	제주	총계
계	40,033	18,454	14,618	21,670	12,504	8,458	11,524	2,820	108,551	31,099	35,675	47,089	37,761	49,859	55,366	49,869	9,031	554,381
1. 불도저	639	63	112	98	155	65	15	5	492	127	126	250	240	194	121	74	10	2,786
2. 굴착기	11,917	4,599	5,160	4,441	4,408	2,807	2,942	842	26,067	14,509	10,994	15,130	13,361	17,955	22,279	16,646	4,023	178,080
3. 로더	1,985	426	532	925	424	300	694	183	6,000	2,075	2,183	3,750	3,123	2,703	4,146	2,038	332	31,819
4. 지게차	8,103	7,758	5,169	10,237	4,049	2,644	5,512	1,365	49,989	6,752	14,850	19,860	15,348	21,760	19,311	22,191	2,899	217,797
5. 스크레이퍼	0	0	0	0	0	0	0	0	0	0	4	0	0	0	0	0	0	4
6. 덤프트럭	4,521	1,641	1,350	2,661	1,200	1,002	909	261	10,283	4,636	3,590	4,177	2,964	3,752	5,640	4,062	796	53,445
7. 기중기	2,525	1,272	289	594	159	177	537	46	1,563	345	453	731	323	709	633	727	93	11,176
8. 모터그레이터	79	17	14	7	44	27	10	1	42	52	25	34	36	34	48	27	8	505
9. 롤러	1,342	229	312	136	424	250	93	10	1,169	596	440	495	540	500	458	556	178	7,728
10. 노상안정기	0	0	0	0	0	0	0	0	0	0	0	0	0	0	0	0	0	0
11. 콘크리트배칭플랜트	17	1	0	3	10	5	0	0	10	6	3	1	1	10	0	0	0	67
12. 콘크리트피니셔	39	0	0	4	0	0	0	0	26	1	4	13	18	4	0	4	0	113
13. 콘크리트살포기	0	0	0	0	0	0	0	0	0	0	0	0	0	0	0	0	0	0
14. 콘크리트믹서트럭	2,132	944	932	1,517	715	870	487	58	7,925	1,164	1,359	1,710	1,054	1,249	1,700	2,093	359	26,268
15. 콘크리트펌프	988	252	221	286	251	126	121	17	1,046	250	297	290	241	285	341	430	127	5,569
16. 아스팔트믹싱플랜트	0	0	0	0	1	0	0	0	0	0	0	0	0	0	0	0	0	1
17. 아스팔트피니셔	187	26	42	14	49	45	11	0	204	69	37	56	67	52	57	52	35	1,003

(단위 : 대)

구분	서울	부산	대구	인천	광주	대전	울산	세종	경기	강원	충북	충남	전북	전남	경북	경남	제주	총계
18. 아스팔트살포기	6	6	0	2	5	1	3	0	5	3	3	4	21	8	5	10	6	88
19. 골재살포기	0	0	0	0	0	0	0	0	0	0	0	0	1	1	0	0	0	2
20. 쇄석기	26	12	3	8	12	1	2	1	41	27	21	27	9	20	28	48	13	299
21. 공기압축기	2,019	313	103	99	113	26	60	4	148	45	202	110	89	159	132	333	23	3,978
22. 천공기	1,932	346	104	77	253	56	41	22	903	366	356	281	242	366	312	297	68	6,022
23. 항타 및 항발기	477	118	70	249	34	31	22	0	93	3	9	8	14	50	4	31	11	1,224
24. 자갈채취기	1	0	2	0	0	0	0	0	1	0	0	2	1	0	2	2	0	11
25. 준설선	15	21	1	4	0	0	0	0	13	0	2	13	7	10	15	16	0	117
26. 특수건설기계	167	26	15	7	21	14	3	2	113	56	34	76	23	28	26	16	15	642
27. 타워크레인	916	384	187	301	177	11	62	3	2,418	17	683	71	38	10	108	216	35	5,637

※ 특수건설기계(642) : 도로보수트럭(46), 노면파쇄기(275), 노면측정장비(3), 트럭지게차(18), 아스팔트콘크리트재생기(4), 터널용 고소작업차(296)

5. 건설기계 기종별·세부사유별 말소현황(2025년 6월 30일 기준)

(단위 : 대)

구분	자진말소									직권말소						총계
	폐기	도난	용도폐지	멸실	반품	교육·연구	수출	횡령·편취	소계	안전기준	검사미필	폐기	차대불일치	부정등록	소계	
계	3,710	17	0	102	7	12	4,223	4	8,075	1	5,989	5	0	0	5,995	14,070
1. 불도저	17	0	0	3	0	0	14	0	34	0	50	0	0	0	50	84
2. 굴착기	396	6	0	42	3	4	3,610	4	4,065	1	2,089	1	0	0	2,091	6,156
3. 로더	177	0	0	9	1	1	43	0	231	0	353	0	0	0	353	584
4. 지게차	945	11	0	40	1	7	90	0	1,094	0	2,716	3	0	0	2,719	3,813
5. 스크레이퍼	0	0	0	0	0	0	0	0	0	0	0	0	0	0	0	0
6. 덤프트럭	1,374	0	0	3	0	0	75	0	1,452	0	435	1	0	0	436	1,888
7. 기중기	25	0	0	1	0	0	145	0	171	0	38	0	0	0	38	209
8. 모터그레이더	5	0	0	0	0	0	6	0	11	0	1	0	0	0	1	12
9. 롤러	25	0	0	0	0	0	58	0	83	0	30	0	0	0	30	113
10. 노상안정기	0	0	0	0	0	0	0	0	0	0	0	0	0	0	0	0
11. 콘크리트배칭플랜트	2	0	0	0	0	0	0	0	2	0	1	0	0	0	1	3
12. 콘크리트피니셔	0	0	0	0	0	0	0	0	0	0	2	0	0	0	2	2
13. 콘크리트살포기	0	0	0	0	0	0	0	0	0	0	0	0	0	0	0	0
14. 콘크리트믹서트럭	448	0	0	2	0	0	18	0	468	0	37	0	0	0	37	505
15. 콘크리트펌프	152	0	0	0	0	0	41	0	193	0	24	0	0	0	24	217

(단위 : 대)

구분	자진말소									직권말소						총계
	폐기	도난	용도폐지	멸실	반품	교육·연구	수출	횡령·편취	소계	안전기준	검사미필	폐기	차대불일치	부정등록	소계	
16. 아스팔트믹싱플랜트	0	0	0	0	0	0	0	0	0	0	0	0	0	0	0	0
17. 아스팔트피니셔	4	0	0	0	0	0	11	0	15	0	2	0	0	0	2	17
18. 아스팔트살포기	2	0	0	0	0	0	0	0	2	0	1	0	0	0	1	3
19. 골재살포기	0	0	0	0	0	0	0	0	0	0	0	0	0	0	0	0
20. 쇄석기	2	0	0	0	0	0	0	0	2	0	17	0	0	0	17	19
21. 공기압축기	14	0	0	2	2	0	1	0	19	0	85	0	0	0	85	104
22. 천공기	30	0	0	0	0	0	19	0	49	0	68	0	0	0	68	117
23. 항타 및 항발기	4	0	0	0	0	0	20	0	24	0	9	0	0	0	9	33
24. 자갈채취기	0	0	0	0	0	0	0	0	0	0	3	0	0	0	3	3
25. 준설선	1	0	0	0	0	0	1	0	2	0	3	0	0	0	3	5
26. 특수건설기계	2	0	0	0	0	0	4	0	6	0	1	0	0	0	1	7
27. 타워크레인	85	0	0	0	0	0	67	0	152	0	24	0	0	0	24	176

6. 건설기계 조종사 면허의 종류 (「건설기계관리법 시행규칙」 제75조 관련)

면허의 종류	조종할 수 있는 건설기계
1. 불도저	불도저
2. 5톤 미만의 불도저	5톤 미만의 불도저
3. 굴착기	굴착기
4. 3톤 미만의 굴착기	3톤 미만의 굴착기
5. 로더	로더
6. 3톤 미만의 로더	3톤 미만의 로더
7. 5톤 미만의 로더	5톤 미만의 로더
8. 지게차	지게차
9. 3톤 미만의 지게차	3톤 미만의 지게차
10. 기중기	기중기
11. 롤러	롤러, 모터그레이더, 스크레이퍼, 아스팔트피니셔, 콘크리트피니셔, 콘크리트살포기, 골재살포기
12. 이동식 콘크리트펌프	이동식 콘크리트펌프
13. 쇄석기	쇄석기, 아스팔트믹싱플랜트, 콘크리트배칭플랜트
14. 공기압축기	공기압축기
15. 천공기	천공기(타이어식, 무한궤도식 및 굴진식을 포함한다. 다만, 트럭적재식은 제외한다), 항타기 및 항발기
16. 5톤 미만의 천공기	5톤 미만의 천공기(트럭적재식은 제외한다)
17. 준설선	준설선, 자갈채취기
18. 타워크레인	타워크레인
19. 3톤 미만의 타워크레인	3톤 미만의 타워크레인

7. 건설기계 기종별 · 연도별 면허현황

(단위 : 대)

구분	2007	2008	2009	2010	2011	2012	2013	2014	2015	2016	2017	2018	2019	2020	2021	2022	2023	2024	2025.06
1. 불도저	17,438	17,665	17,991	18,248	19,420	19,720	19,992	20,349	20,709	21,049	21,370	21,646	21,861	22,222	22,495	22,859	23,250	23,646	23,793
2. 굴착기	158,552	165,069	173,122	182,085	193,596	203,227	214,837	226,524	238,367	251,678	266,023	279,983	295,520	310,362	327,921	345,473	362,572	378,124	384,557
3. 로더	33,406	34,855	36,874	38,675	41,193	43,021	45,202	47,428	50,008	52,482	54,954	57,224	60,334	63,290	66,125	69,293	72,492	75,664	76,859
4. 스크레이퍼	154	154	152	154	166	166	166	166	163	162	162	162	148	147	146	145	145	144	144
5. 기중기	52,107	54,021	55,764	57,118	60,347	61,276	62,184	64,044	65,637	67,437	69,365	71,067	72,522	74,391	76,084	77,964	79,951	81,825	82,610
6. 모터그레이더	3,475	3,526	3,610	3,688	3,878	3,961	3,963	3,947	3,938	3,927	3,915	3,899	3,722	3,690	3,675	3,665	3,660	3,652	3,649
7. 롤러	5,266	5,608	6,137	6,654	7,289	7,839	8,317	8,842	9,488	10,301	11,089	11,902	13,035	13,980	15,036	16,282	17,640	19,131	19,807
8. 3톤 미만 굴착기	25,982	28,097	31,238	36,877	41,789	46,354	51,690	58,606	67,066	77,440	89,543	101,790	116,547	131,724	151,121	168,957	186,116	201,601	209,114
9. 지게차	158,628	169,024	180,231	191,702	206,616	219,940	237,723	256,771	279,662	304,247	328,881	353,461	382,784	415,234	449,468	483,667	521,098	559,235	576,981
10. 아스팔트피니셔	1,004	1,046	1,071	1,123	1,195	1,237	1,265	1,266	1,265	1,261	1,260	1,258	1,212	1,206	1,204	1,201	1,200	1,197	1,194
11. 아스팔트믹싱플랜트	723	720	723	724	740	735	735	735	733	732	732	732	695	686	685	685	684	683	683
12. 쇄석기	812	871	930	996	1,093	1,219	1,482	1,764	2,033	2,269	2,530	2,764	3,045	3,327	3,580	3,789	3,983	4,194	4,277
13. 공기압축기	1,749	1,923	2,062	2,226	2,432	2,075	2,432	2,750	3,046	3,326	3,611	3,974	4,383	4,954	5,550	6,150	6,687	7,216	7,468
14. 사리채취기	35	34	35	35	36	35	35	34	34	34	34	34	32	32	32	32	32	32	32
15. 준설선	432	459	501	548	598	616	688	731	759	780	807	846	876	911	932	951	982	990	994
16. 3톤 미만 로더	7,773	7,954	8,172	8,502	8,853	9,432	9,885	10,449	11,148	11,944	12,817	13,771	14,727	15,795	17,060	18,096	19,041	19,877	20,295
17. 3톤 미만 지게차	110,563	128,135	144,516	162,131	179,419	194,973	209,187	227,834	253,292	279,563	306,931	341,397	381,397	453,608	511,116	568,841	633,138	697,578	726,816

(단위 : 대)

구분	2007	2008	2009	2010	2011	2012	2013	2014	2015	2016	2017	2018	2019	2020	2021	2022	2023	2024	2025.06
18. 5톤 미만 불도저	950	1,011	1,040	1,080	1,102	1,121	1,127	1,123	1,146	1,161	1,179	1,206	1,214	1,261	1,337	1,396	1,451	1,499	1,513
19. 5톤 미만 로더	8,986	10,057	11,609	13,318	14,415	15,616	16,787	17,979	19,191	20,360	21,877	23,563	25,331	27,164	29,313	31,164	32,808	34,421	35,241
20. 타워크레인	0	3,270	4,107	4,593	4,954	5,131	5,344	5,628	5,926	6,709	7,835	8,580	9,466	10,029	10,473	11,106	11,787	12,382	12,571
21. 소형공기압축기	0	44	479	602	702	486	321	308	303	294	290	284	273	252	242	226	221	207	201
22. 이동식 콘크리트펌프	0	0	0	0	0	3	6	10	10	11	11	12	13	15	16	16	20	24	26
23. 천공기	0	0	0	0	0	1,309	2,843	3,801	4,348	4,935	5,491	5,958	6,499	6,901	7,399	8,023	8,594	9,102	9,317
24. 5톤 미만 천공기	0	0	0	0	0	0	0	35	491	721	912	1,068	1,227	1,388	1,510	1,635	1,725	1,812	1,839
25. 3톤 미만 타워크레인	0	0	0	0	0	0	0	1	629	3,012	5,478	7,684	9,828	11,080	11,902	12,523	12,987	13,337	13,480
계	588,035	633,543	680,364	731,079	789,833	839,492	896,211	961,125	1,039,682	1,125,835	1,217,097	1,314,265	1,426,691	1,573,649	1,714,422	1,854,148	2,002,264	2,147,573	2,213,461

8 건설기계의 종류

1. 불도저 Bull Dozer

타이어식, 무한궤도식

2. 굴착기 Excavator

타이어식, 무한궤도식

3. 로더 Loader

타이어식, 무한궤도식

4. 지게차 Fork Lift

타이어식

5. 스크레이퍼 Scraper

트럭식, 피견인식

6. 덤프트럭 Dump Truck

트럭식

7. 기중기 Crane

트럭식, 타이어식, 무한궤도식

8. 모터그레이더 Motor Grader

타이어식

9. 롤러 Roller

진동식, 타이어식, 머캐덤식, 탠덤식

10. 노상안정기 Road Stabilizer

타이어식, 트럭식

11. 콘크리트배칭플랜트 Concrete Batching Plant

이동식

12. 콘크리트피니셔 Concrete Finisher

무한궤도식

건설기계의 종류

13. 콘크리트살포기 Concrete Spreader

타이어식, 무한궤도식

14. 콘크리트믹서트럭 Concrete Mixer Truck

트럭적재식

15. 콘트리트펌프 Concrete Pump

트럭식, 피견인식

16. 아스팔트믹싱플랜트 Asphalt Mixing Plant

피견인식

17. 아스팔트피니셔 Asphalt Finisher

타이어식, 무한궤도식

18. 아스팔트살포기 Asphalt Distributor

트럭식

19. 골재살포기 Gravel Spreader

피견인식

20. 쇄석기 Crusher

피견인식, 고정식

21. 공기압축기 Air Compressor

피견인식

22. 천공기 Crawler Drill

타이어식, 트럭식

23. 항타 및 항발기 Pile Driver & Pile Extractor

무한궤도식, 타이어식

24. 사리(자갈) 채취기 Sand & Gravel Screen

비자항식, 자항식

건설기계의 종류

25. 준설선 Dredger

비자항식, 자항식

26. 특수건설기계(도로보수트럭)

트럭식

27. 특수건설기계(노면파쇄기)

타이어식, 무한궤도식

28. 특수건설기계(노면측정장비)

트럭식

29. 특수건설기계(콘크리트믹서트레일러)

이동식

30. 특수건설기계(아스팔트콘크리트재생기)

타이어식

31. 특수건설기계(터널용 고소작업차)

타이어식

32. 특수건설기계(수목이식기)

타이어식, 트럭식

33. 타워크레인(T형, L형) Tower Crane

공전식, 이동식

특수건설기계의 지정 (국토교통부고시 제2021-1304호, 2021. 12. 06, 일부개정)

구분	특수건설기계명			
	도로보수트럭 (Road Repairing Truck)	노면파쇄기 (Road Milling Machine)	노면측정장비	콘크리트믹서트레일러 (Concrete Mixer Trailer)
건설기계의 범위	도로보수장치를 가진 자주식인 것	파쇄장치를 가진 자주식인 것	노면측정장치를 가진 자주식인 것	콘크리트 혼합장치를 가진 비자주식인 것
구조 및 규격 표시방법	• 차대 위에 원동기, 호퍼, 아스팔트 살포장치, 아스팔트 혼합재(아스콘), 이송장치 등을 가진 도로보수기계가 이에 속함 • 규격은 호퍼의 용량(m^3)으로 표시	• 도로를 연속하여 파쇄할 수 있는 파쇄장치와 원동기 등을 가진 기계가 이에 속함 • 규격은 최대파쇄폭(m)으로 표시	• 도로의 포장상태 등 노면상태를 측정할 수 있는 장치와 원동기 등을 가진 기계가 이에 속함 • 규격은 작업 가능상태의 자중(톤)으로 표시	• 콘크리트를 혼합할 수 있는 장치를 가진 기계가 이에 속함 • 규격은 1회 혼합할 수 있는 콘크리트생산량(m^3)으로 표시
건설기계의 구조 및 성능의 기준 적용	해당부분 적용	해당부분 적용	해당부분 적용	해당부분 적용
건설기계 조종사의 면허	롤러 조종사 면허 또는 「도로교통법」에 의한 자동차운전면허(제1종 대형)	롤러 조종사 면허	롤러 조종사 면허	「도로교통법」에 의한 제1종 대형면허
건설기계등록 번호표의 표시	• 기종별 기호표시 : 26 • 등록번호표시 : 기종별 기호표시(26) 다음에 "거"라는 글자를 넣어 등록번호를 표시(예 : 26거1234)	• 기종별 기호표시 : 26 • 등록번호표시 : 기종별 기호표시(26) 다음에 "너"라는 글자를 넣어 등록번호를 표시(예 : 26너1234)	• 기종별 기호표시 : 26 • 등록번호표시 : 기종별 기호표시(26) 다음에 "더"라는 글자를 넣어 등록번호를 표시(예 : 26더1234)	• 기종별 기호표시 : 26 • 등록번호표시 : 기종별 기호표시(26) 다음에 "러"라는 글자를 넣어 등록번호를 표시(예 : 26러1234)
건설기계관리법규의 적용	이 고시에서 특별히 정한 것을 제외하고는 "아스팔트살포기"에 준하여 적용	이 고시에서 특별히 정한 것을 제외하고는 "모터 그레이더"에 준하여 적용	이 고시에서 특별히 정한 것을 제외하고는 "롤러"에 준하여 적용	이 고시에서 특별히 정한 것을 제외하고는 "콘크리트믹서트럭"에 준하여 적용(다만, 「건설기계관리법 시행규칙」 제22조의 규정에 의한 정기검사 대상에서 제외)
공통사항	(재검토기한) 국토교통부장관은 「훈령·예규 등의 발령 및 관리에 관한 규정」에 따라 이 고시에 대하여 2022년 01월 01일을 기준으로 매 3년이 되는 시점(매 3년째의 12월 31일까지를 말한다)마다 그 타당성을 검토하여 개선 등의 조치를 하여야 한다.			

구분	특수건설기계명			
	아스팔트콘크리트재생기 (Ascon Repaving Equipment)	수목이식기 (Tree Transfer Machine)	터널용고소작업차 (High-lift Work Platform)	트럭식 지게차
건설기계의 범위	포장된 아스팔트콘크리트의 굴착, 재생장치를 가진 것으로 원동기를 가진 것	수목채취 및 운반장치를 가진 자주식인 것	타이어식으로 고소작업장치를 가진 것	운전석이 있는 주행차대에 별도의 조종석을 포함한 들어 올림 장치를 가진 것
구조 및 규격 표시방법	• 포장된 아스팔트콘크리트를 굴착, 재생하는 기계로서 가열장치, 굴착장치, 재생장치 등을 가진 것이 이에 속함 • 규격은 최대굴착폭(mm)으로 표시	• 수목의 채취 및 운반장치와 원동기 등을 가진 기계가 이에 속함 • 규격은 작업 가능상태의 자중(톤)으로 표시	• 터널 등 고소작업을 할 수 있는 것으로 원동기 및 붐, 버킷 등을 갖춘 기계가 이에 속함 • 규격은 들어 올림 정격하중(톤)으로 표시	• 운전석이 있는 주행차대의 후방에 별도의 작업장치 조종석을 구비하고 마스트 또는 붐을 설치하며 쇠스랑을 설치한 것이 기종의 표준형이고, 선택작업장치에 의해 중량물을 적재, 적하할 수 있는 구조의 건설기계도 이에 속함 • 규격은 최대 들어 올림 용량(kg)과 자체중량(kg)으로 표시
건설기계의 구조 및 성능의 기준 적용	해당부분 적용	해당부분 적용	해당부분 적용	[별표]
건설기계 조종사의 면허	「도로교통법」에 의한 제1종 대형 면허	로더 조종사 면허	지게차 조종사 면허	도로운행 시는 「도로교통법」에 따른 운전면허 제1종 보통면허 또는 제1종 대형면허 및 작업 시는 지게차 조종사 면허
건설기계등록 번호표의 표시	• 기종별 기호표시 : 26 • 등록번호표시 : 기종별 기호표시(26) 다음에 "머"라는 글자를 넣어 등록번호를 표시(예 : 26머1234)	• 기종별 기호표시 : 26 • 등록번호표시 : 기종별 기호표시(26) 다음에 "어"라는 글자를 넣어 등록번호를 표시(예 : 26어1234)	• 기종별 기호표시 : 26 • 등록번호표시 : 기종별 기호표시(26) 다음에 "버"라는 글자를 넣어 등록번호를 표시(예 : 26버1234)	• 기종별 기호표시 : 26 • 등록번호표시 : 기종별 기호표시(26) 다음에 "저"라는 글자를 넣어 등록번호를 표시(예 : 26저1234)
건설기계관리법규의 적용	이 고시에서 특별히 정한 것을 제외하고는 "아스팔트믹싱플랜트"에 준하여 적용	이 고시에서 특별히 정한 것을 제외하고는 "로더"에 준하여 적용	이 고시에서 특별히 정한 것을 제외하고는 "지게차"에 준하여 적용	이 고시에서 특별히 정한 것을 제외하고는 "지게차"에 준하여 적용
공통사항	(재검토기한) 국토교통부장관은 「훈령·예규 등의 발령 및 관리에 관한 규정」에 따라 이 고시에 대하여 2022년 01월 01일을 기준으로 매 3년이 되는 시점(매 3년째의 12월 31일까지를 말한다)마다 그 타당성을 검토하여 개선 등의 조치를 하여야 한다.			

9 안전학개론

1 하인리히(Heinrich) 법칙 – 재해구성 비율

하인리히 법칙(재해구성 비율)
1 : 29 : 300

2 하인리히 법칙 – 재해발생 메카니즘

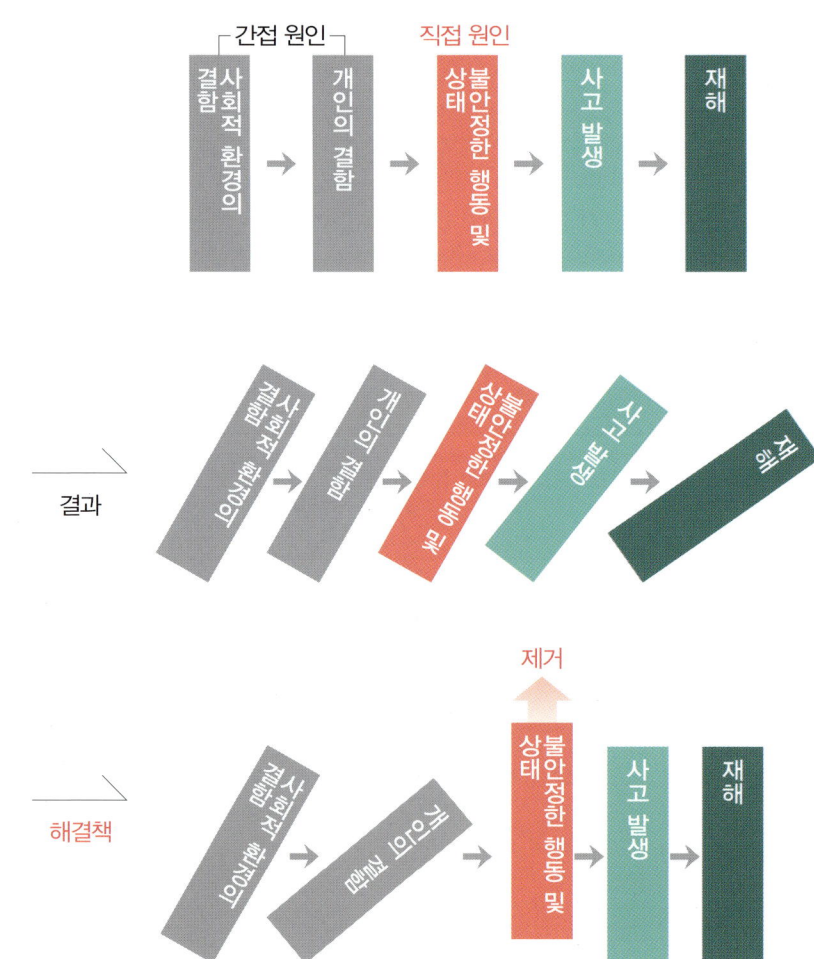

3 버드(Bird)의 재해구성 비율

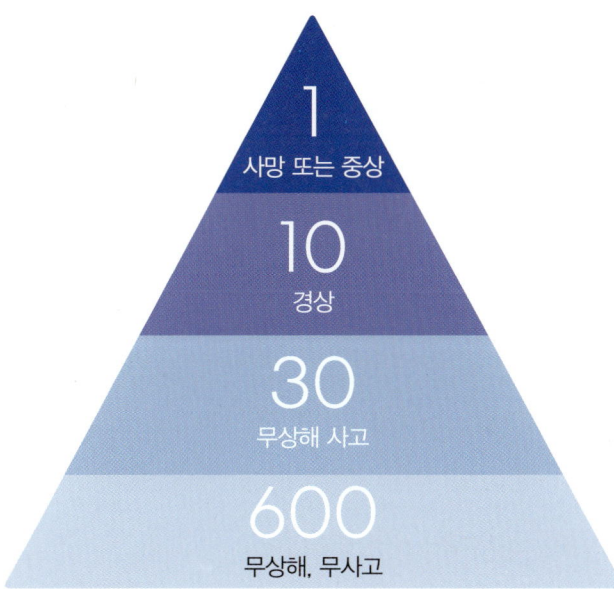

버드의 법칙(재해구성 비율)
1 : 10 : 30 : 600

4 버드의 도미노 이론

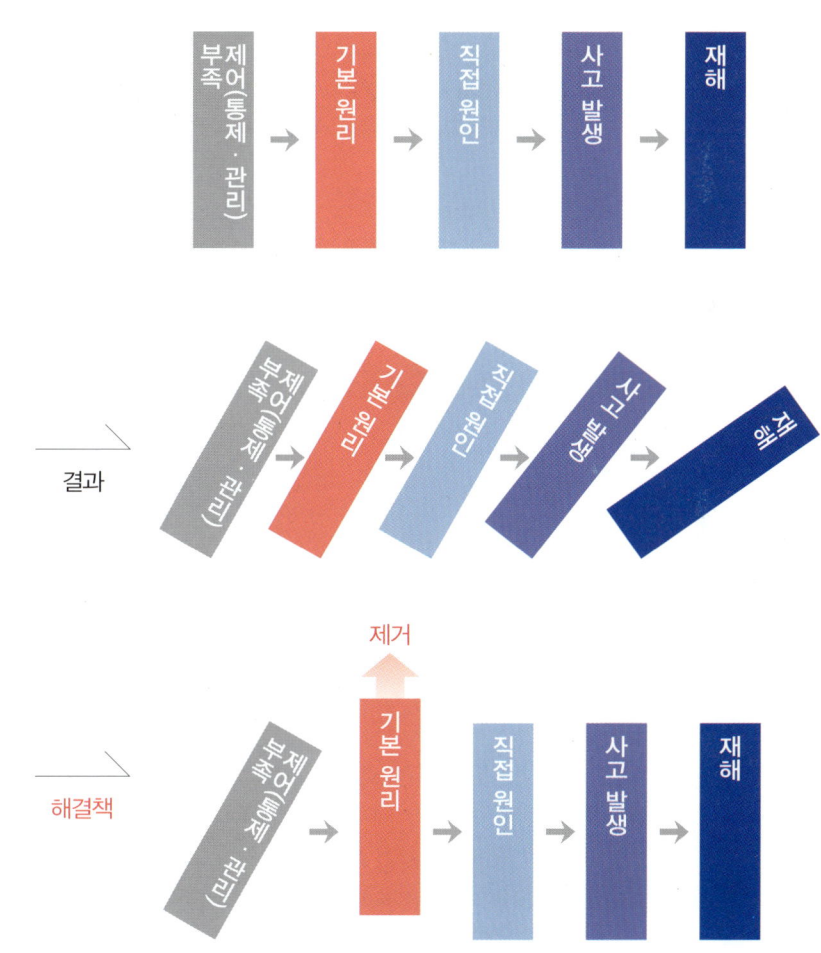

안전학개론

5 하인리히와 버드의 법칙(재해구성 비율)

하인리히 법칙(재해구성 비율)

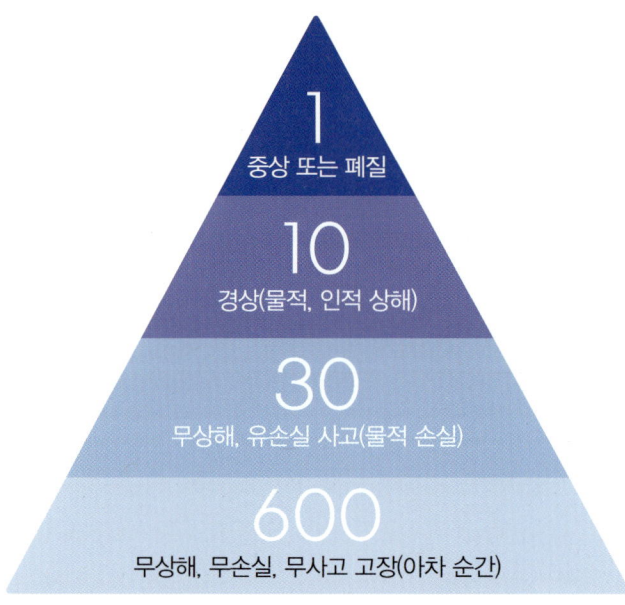

버드의 법칙(재해구성 비율)

허버트 윌리엄 하인리히
(Herbert William Heinrich, 1885~1962)

프랭크 E. 버드 주니어
(Frank E. Bird jr., 1921~2007)

6 매슬로(Maslow)의 욕구 5단계 이론

에이브러햄 해럴드 매슬로
(Abraham Harold Maslow, 1908~1970)

PART 2
주요 장비별 점검 방법

1. 타워크레인 ················· 28
2. 건설용 리프트 ················· 88
3. 이동식 크레인 ················· 112
4. 항타기(천공기) ················· 154
5. 지게차 ················· 168
6. 고소작업대(T/L) ················· 182
7. 롤러 ················· 196
8. 도저(페이로더) ················· 204
9. 불도저 ················· 208
10. 차징카 ················· 212
11. 덤프트럭 ················· 218
12. 콘크리트 펌프카 ················· 224
13. 콘크리트 믹서트럭 ················· 232
14. 콘크리트 플레이싱 붐(CPB) ················· 238
15. 고소작업차(AWP) ················· 250
16. 굴착기 ················· 262

타워크레인
TOWER CRANE

1. 정의
2. 주요 작업 내용
3. 설치 형태에 따른 분류
4. 지브(Jib) 형상에 따른 분류
5. 타워크레인 주요 구조부
6. 타워크레인 검사
7. 타워크레인 설치 작업 순서
8. 타워크레인 기초부 설치 작업 순서
9. 타워크레인 조립 설치 순서
10. 타워크레인 상승
11. 타워크레인 점검 부적합 사례
12. 타워크레인 사고 사례
13. 참고사항

1. 정의

① 목적물을 이동하고자 하는 방향에 따라서 수평, 수직, 회전 방향으로 운동하며 운반 및 이동을 전담하는 양중기계를 말한다.
② 현장에 적합한 기종의 선택과 배치를 통한 공사목적을 달성하기 위한 장비이다.

2. 주요 작업 내용

① 양중물을 들어 올리거나 내리는 동작
② 훅(Hook)에 매달린 양중물을 전·후로 움직이는 동작
③ 크레인 상부 전체를 회전시켜 이동시키는 동작

3. 설치 형태에 따른 분류

1) 고정식(Stationary)
   콘크리트 기초에 고정된 앵커(Anchor)와 타워의 부분들을 직접 조립하는 형식이다.

2) 상승식(Internal Climbing)
   일정 높이만큼 층이 올라가면 건물의 구조체에 지지하여 타워크레인의 몸체가 건물과 함께 상승하는 형식으로 주로 고층 건물에서 사용하며, 해체 작업의 어려움이 있다.

3) 주행식(Traveling-rail Going)
   레일을 설치하여 타워크레인 전체가 레일을 타고 이동하며 작업하는 형식으로 주로 층고가 낮고 길이가 긴 건물에 사용한다.

4. 지브(Jib) 형상에 따른 분류

1) T형 타워크레인

2) L형(Luffing) 타워크레인

3) 탑리스(Topless) 타워크레인

5. 타워크레인 주요 구조부

1) T형 타워크레인

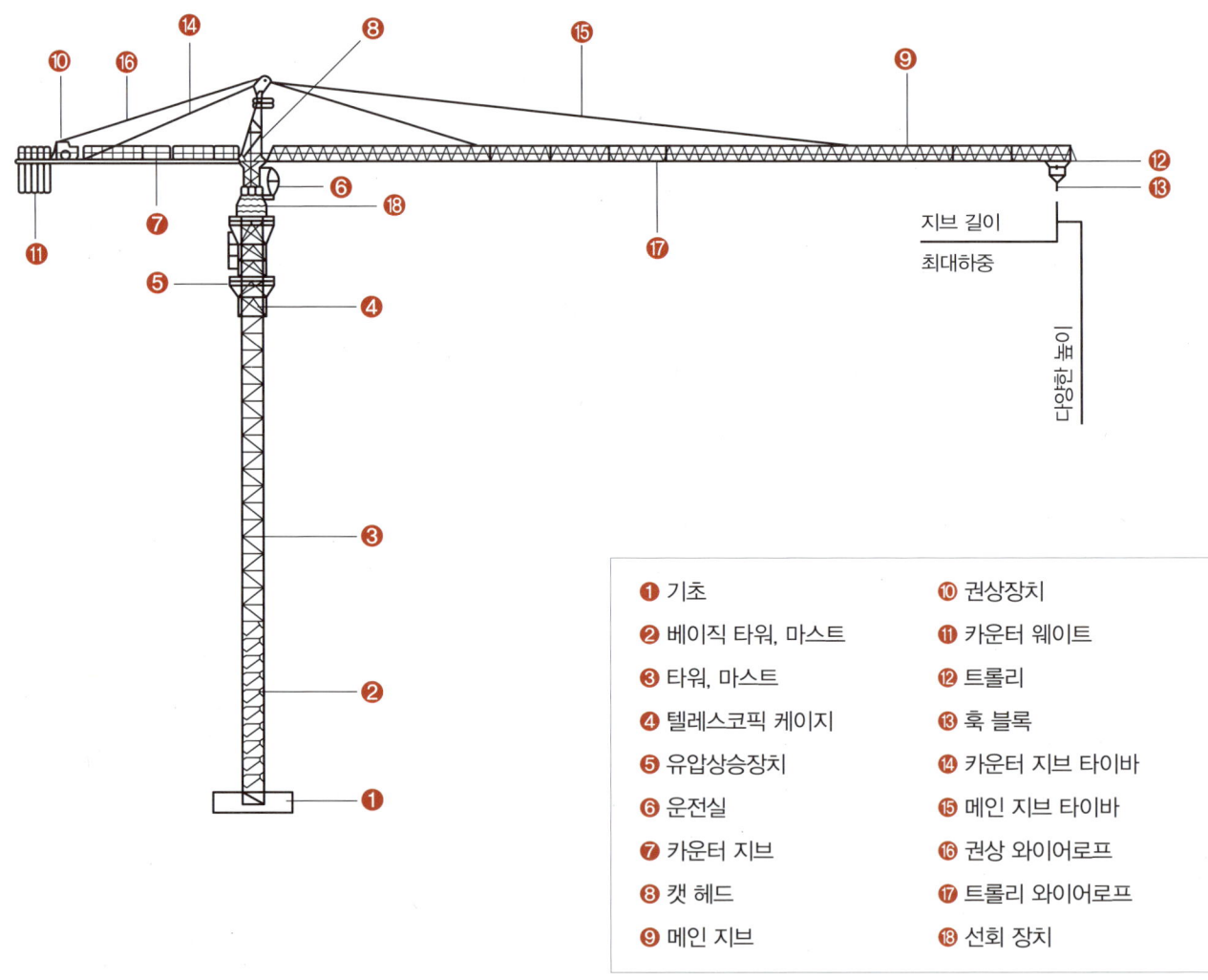

- ❶ 기초
- ❷ 베이직 타워, 마스트
- ❸ 타워, 마스트
- ❹ 텔레스코픽 케이지
- ❺ 유압상승장치
- ❻ 운전실
- ❼ 카운터 지브
- ❽ 캣 헤드
- ❾ 메인 지브
- ❿ 권상장치
- ⑪ 카운터 웨이트
- ⑫ 트롤리
- ⑬ 훅 블록
- ⑭ 카운터 지브 타이바
- ⑮ 메인 지브 타이바
- ⑯ 권상 와이어로프
- ⑰ 트롤리 와이어로프
- ⑱ 선회 장치

5. 타워크레인 주요 구조부

2) L형 타워크레인

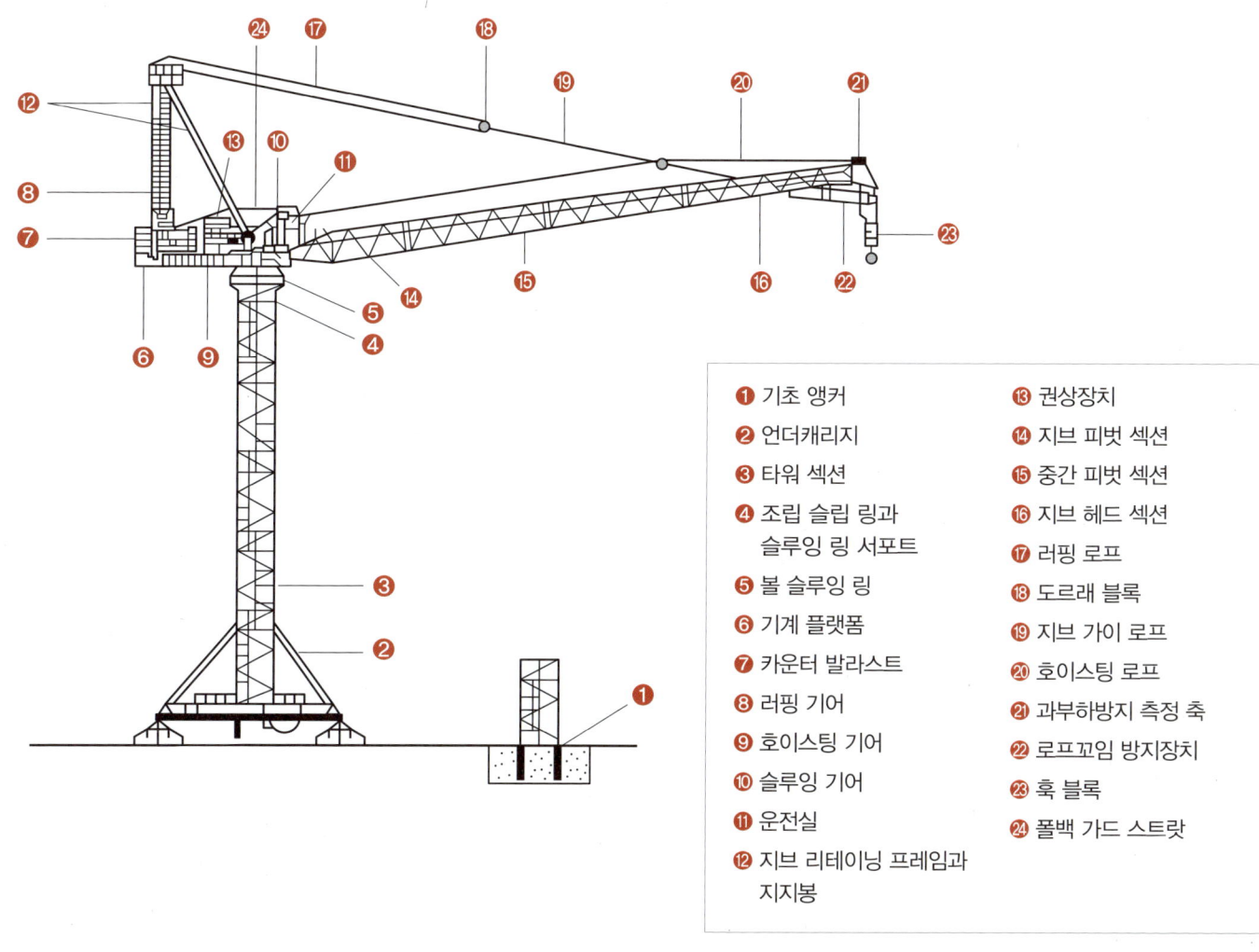

1. 기초 앵커
2. 언더캐리지
3. 타워 섹션
4. 조립 슬립 링과 슬루잉 링 서포트
5. 볼 슬루잉 링
6. 기계 플랫폼
7. 카운터 발라스트
8. 러핑 기어
9. 호이스팅 기어
10. 슬루잉 기어
11. 운전실
12. 지브 리테이닝 프레임과 지지봉
13. 권상장치
14. 지브 피벗 섹션
15. 중간 피벗 섹션
16. 지브 헤드 섹션
17. 러핑 로프
18. 도르래 블록
19. 지브 가이 로프
20. 호이스팅 로프
21. 과부하방지 측정 축
22. 로프꼬임 방지장치
23. 훅 블록
24. 폴백 가드 스트럿

5. 타워크레인 주요 구조부

3) 탑리스 타워크레인

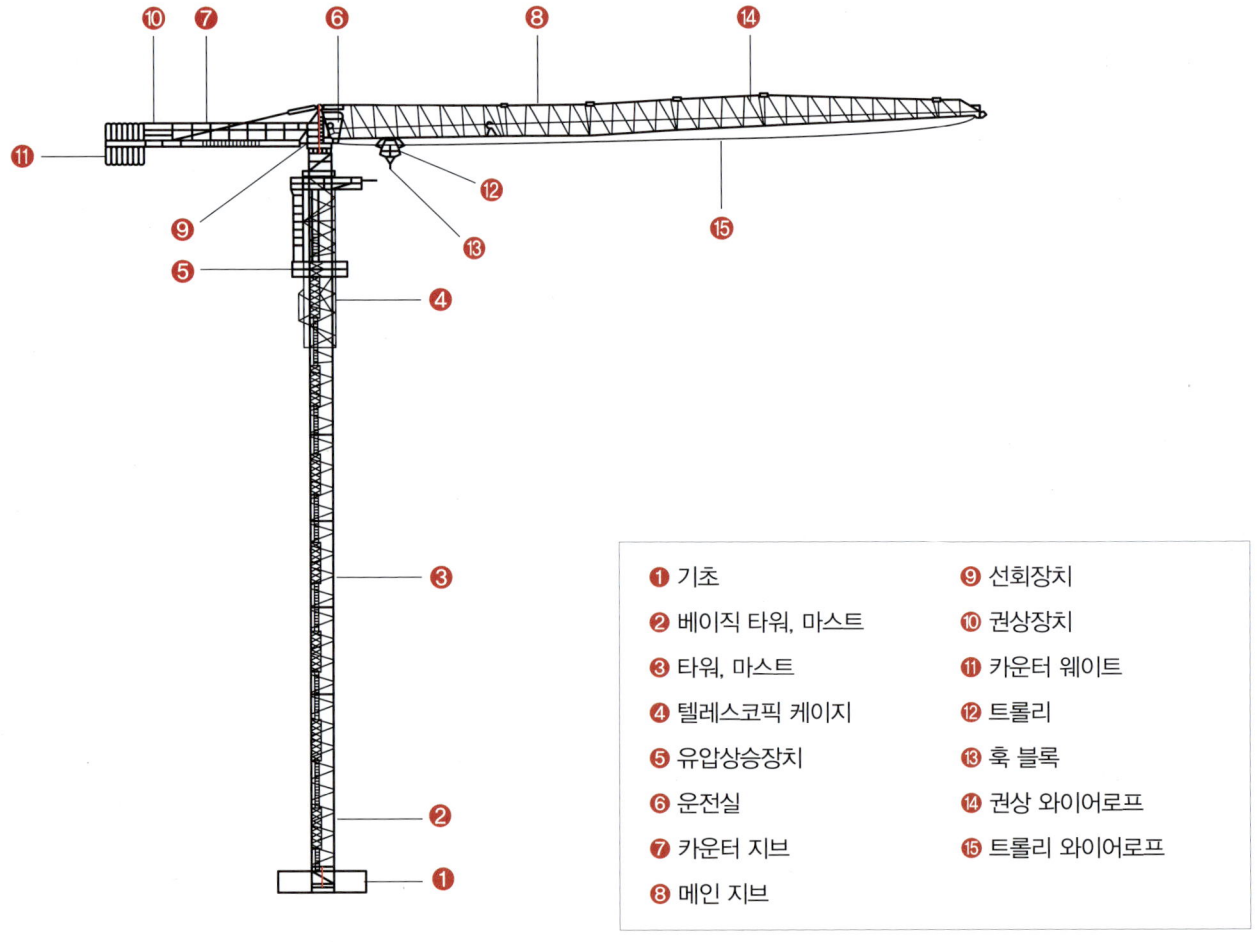

- ❶ 기초
- ❷ 베이직 타워, 마스트
- ❸ 타워, 마스트
- ❹ 텔레스코픽 케이지
- ❺ 유압상승장치
- ❻ 운전실
- ❼ 카운터 지브
- ❽ 메인 지브
- ❾ 선회장치
- ❿ 권상장치
- ⓫ 카운터 웨이트
- ⓬ 트롤리
- ⓭ 훅 블록
- ⓮ 권상 와이어로프
- ⓯ 트롤리 와이어로프

6. 타워크레인 검사

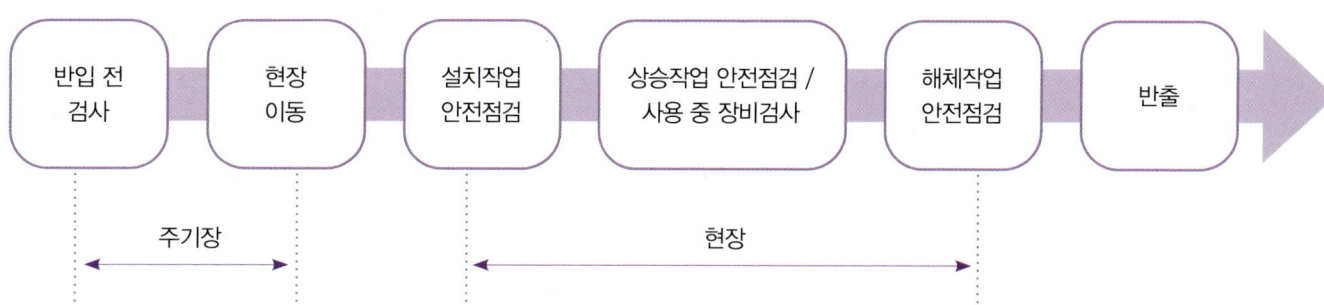

7. 타워크레인 설치 작업 순서

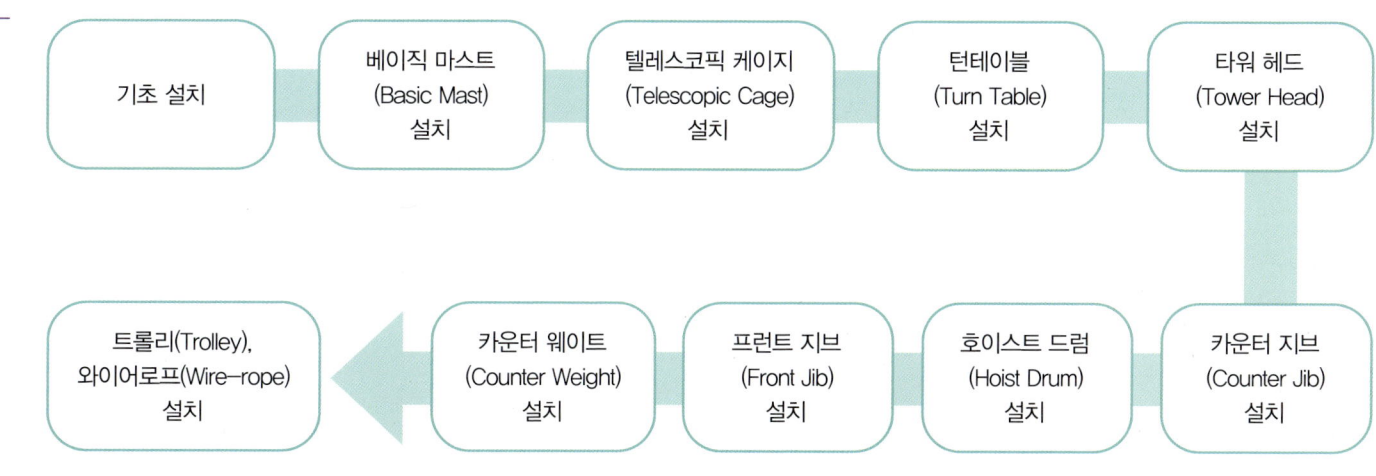

8. 타워크레인 기초부 설치 작업 순서

1) 터파기(290HC 경우)

① 가로 7m, 세로 7m, 깊이 1.5m로 기초 부위를 터파기한다.
② 현장 여건상 기초 바닥 고르기 되메우기를 할 때는 반드시 콤팩터 등으로 지반 다지기를 하여야 한다.
③ 설치 부위 지반의 지내력이 현저히 약할 때 적절한 지반 보강공사를 한다.

2) 타워크레인의 기초에 작용하는 하중

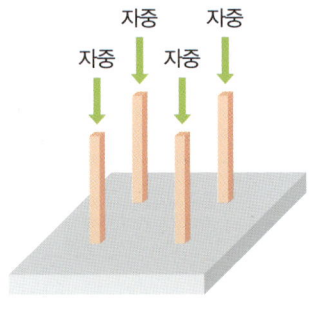 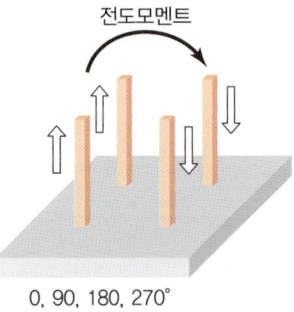 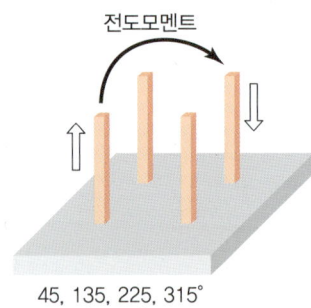

① 크레인 기초에 입력되는 하중은 자중과 전도모멘트를 8가지 방향에 의한 조건으로 검토한다.
② 크레인 가동 시, 비가동 시에 대한 하중을 검토한다.

8. 타워크레인 기초부 설치 작업 순서

③ 기초 입력하중(매뉴얼 참조)

(단위 : kN, m)

구분	가동 시		비가동 시	
	SI 단위	tonf, m	SI 단위	tonf, m
자중(W)	958.0	97.7	928.0	94.6
전도모멘트(M)	3,378.0	344.4	5,129.0	523.0
순지점간거리(L)	1.980			
중력가속도(m/s)	9.807			

④ 기초 입력하중 계산

자중에 의한 수직하중		
$\dfrac{W}{4} =$	239.5	232.0
전도모멘트에 의한 직교 방향 수직하중 $\quad P = \dfrac{W}{4} \pm \dfrac{M}{2 \cdot L}$		
$\dfrac{M}{2 \cdot L} =$	853.0	1,295.2
전도모멘트에 의한 45° 방향 수직하중 $\quad P = \dfrac{W}{4} \pm \dfrac{M}{\sqrt{2L^2}}$		
$\dfrac{M}{\sqrt{2L^2}} =$	1,206.4	1,831.7

8. 타워크레인 기초부 설치 작업 순서

3) 기초 파일 보강

① 타워크레인의 V.M.H[수직하중(Vertical Load), 모멘트(Moment), 수평하중(Horizontal Load)] 운전반경에 따라 기초의 크기를 선택한다.
② 일반적으로 요구되는 지내력은 20ton/m² 이상이다.
③ 부족 시 파일 등으로 보강공사를 한다.

4) 버림 콘크리트 타설

① 보통 강도 210kgf/cm²의 콘크리트를 약 20cm 두께로 타설한다.
② 타설 시 타워크레인 기초의 4개 기둥점의 수평 및 타워크레인 높이 기준점을 정확히 맞춘다.
③ 앵커 기초의 밀림 현상과 부양 현상을 미연에 방지할 수 있도록 말뚝과 타워크레인 앵커를 용접한다.

8. 타워크레인 기초부 설치 작업 순서

5) 먹매김

버림 콘크리트 타설 후 정확한 타워크레인 설치 위치를 바닥에 표시한다.

6) 기초 앵커 조립

① 기초 앵커와 템플레이트를 결합한다(결합 부분의 밀림 현상을 방지하기 위해 결합 부위 페인트를 벗겨냄).
② 기초 앵커와 템플레이트를 조립한 것을 H/D (하이드로) 크레인으로 타워크레인 설치 위치에 놓는다.

8. 타워크레인 기초부 설치 작업 순서

③ H/D 크레인으로 타워크레인 설치 위치에 정확히 놓는다.
④ 최종 확인 및 고정 시까지 이동식 크레인으로 정확히 양중한다.

⑤ 정확한 수평보기 및 높이를 측정한다(레벨 게이지로 수평을 본 후 앵커 주위에 보조재를 넣고 다짐 작업 / 레벨 측정은 반드시 현장 토목기사가 확인하는 것이 바람직함).
⑥ 기초 앵커를 버림 콘크리트의 철근 말뚝에 용접 고정시킨다.

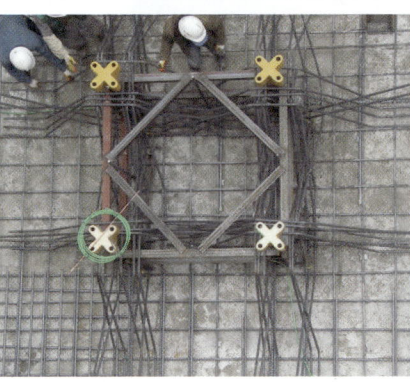

⑦ 접지봉 6개를 삼각 접지로 한다.
 • 크레인의 구조물 및 기계, 전기장치 등을 낙뢰로부터 보호한다.
 • 반드시 현장담당자가 접지저항값 등을 확인해야 한다.

8. 타워크레인 기초부 설치 작업 순서

⑧ 도면에 철근규격, 가공방법 등을 표기한다 (SD50,BST500급의 철근사용).
- 인장철근 및 압축철근 시공을 철저히 한다. 단, 베이스 플레이트(Plate)가 있는 앵커는 인장압축 철근을 생략한다(포테인 기종 등).

[적용 모델 : 290HC/290HC-H Foundation]

⑨ 기초 콘크리트 타설
- 콘크리트 타설 시 반드시 펌프카를 사용한다.
- 한번에 한곳을 집중적으로 타설하지 않고 충분한 시간차로 골고루 돌아가면서 타설한다.
- 바이브레타로 다짐작업 시 주의한다.
- 거푸집 조립은 콘크리트 타설 시 밀림 현상이 없도록 조립한다.

8. 타워크레인 기초부 설치 작업 순서

⑩ 타워크레인 기초 앵커 구조의 특성

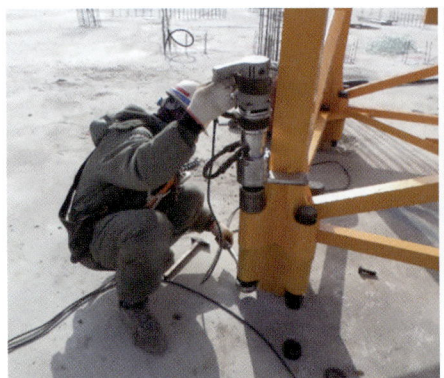  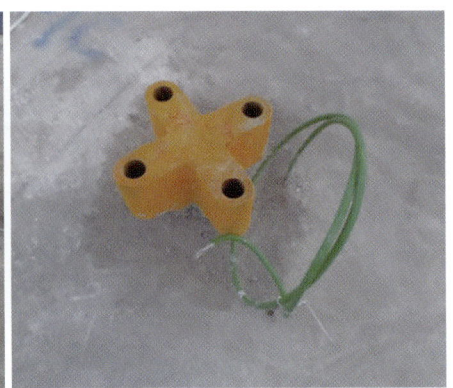

- A Type : 인장 볼트 구조 앵커는 설치 레벨 조정이 가능하다[(규격 심플레이트(Shim Plate) 준비].

- B Type : 핀 및 전단 볼트형의 앵커는 조정이 어렵다[핀 구멍 키우는 방법, 피시 플레이트(Fish Plate) 재가공 및 용접 등 시공이 어려움].

8. 타워크레인 기초부 설치 작업 순서

[용접부 결함 검사]

⑪ 타워크레인 기초 앵커 확인사항
- 구조검토서
- 검사증명서
- 자분탐상 검사 보고서
- 제작 증명서

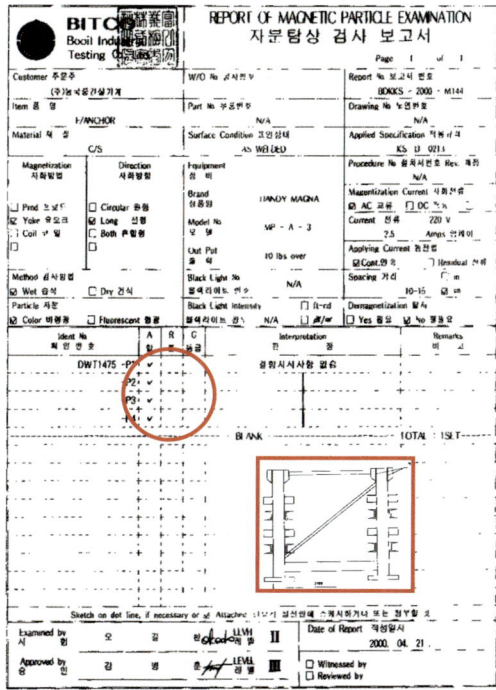

[자분탐상 검사 보고서]

8. 타워크레인 기초부 설치 작업 순서

⑫ 기초 앵커 최종 수평 레벨 확인
  • 라이닝은 반드시 규격품을 사용한다.

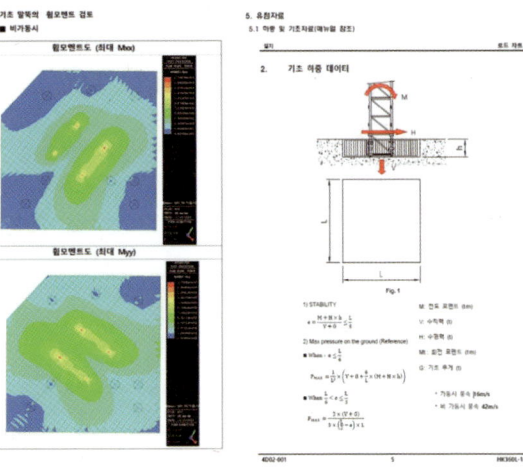

⑬ 타워크레인 기초 구조검토

「건설기계관리법 시행규칙」 제23조(정기검사의 신청 등)
② 타워크레인에 대하여 제1항에 따라 정기검사를 신청하는 경우에는 다음 각 호의 서류를 함께 제출해야 한다.
  1. 설계도서와 건설기계기술사, 건축구조기술사 등이 발행한 해당 현장 구조검토서
  2. 최근 3년간의 정비이력, 사고이력 및 자체적으로 실시한 점검결과를 기재한 서류
  3. 타워크레인 설치 및 해체 시 해당 장면이 촬영된 영상자료(시·도지사 또는 검사대행자가 요청한 경우에 한정한다)

9. 타워크레인 조립 설치 순서

1) 타워크레인 설치 전 확인내용

① 타워크레인 설치 도비팀 교육 이수 확인
② 작업계획서 확인
③ 특별안전교육(2시간)
④ 작업 준비상태 확인
- 입고장비 적정성 확인
- 줄걸이 작업자 및 신호수 배치 여부
- 작업순서, 작업요령, 줄걸이 신호방법 등 숙지 여부
- 기타 체크리스트(Check List) 작업 준비항목 점검

2) 타워크레인 설치 전 관리감독자 확인사항

① 타워크레인 설치도서(설치 매뉴얼) 확인
② 복장 및 안전장비
- 안전보호구 본인 및 작업자
- 바디캠, 액션캠 착용
③ 반입점검 시 지적사항 조치결과 확인
④ 작업 전(오전, 오후) TBM(Tool Box Meeting) 실시
- 작업자 건강상태 체크
- 타워작업 필수 확인점(Hold-point) 사항 숙지
- 이동식 크레인의 위치 사전 확인 및 양중작업 시 문제 확인
- 작업반경 내 작업간섭 확인 및 작업반경 통제구역 관리

9. 타워크레인 조립 설치 순서

3) 기초 설치 확인

※ 기종 변경(HC290 → KH310)으로 어댑터 설치

위험 포인트
① 기초 지반의 지지력 미달로 전도 위험
② 수평 레벨 오차로 인한 장비 수직도 오류

중점 관리사항
① 기초 지반 지지력, 규격, 강도 확인
② 설치 전 앵커 레벨 확인

4) 베이직 마스트 설치

위험 포인트
① 작업자 협착 및 충돌
② 지상에 세워둔 베이직 마스트 전도 우려
③ 이동식 크레인 전도
④ 권상, 권하 시 줄걸이 와이어로프 파단

중점 관리사항
① 기초 지반 지지력, 규격, 강도 확인
② 설치 전 앵커 레벨 확인

9. 타워크레인 조립 설치 순서

5) 텔레스코픽 케이지 설치

위험 포인트
① 지상에 세워둔 텔레스코픽 케이지 전도
② 작업발판 부착 시 작업자 추락 및 발판 낙하
③ 이동식 크레인 전도

중점 관리사항
① 지반 상태 확인 및 받침목 설치
② 고소작업자 안전대 착용 및 생명줄에 고정
③ 작업발판 용접 상태 및 고정볼트 체결 상태

6) 운전실(턴테이블) 조립

위험 포인트
① 고소작업자 추락
② 인양능력 부족으로 인한 이동식 크레인 전도
③ 전력선 연결 시 감전

중점 관리사항
① 부재중 가장 무거운 중량물
② 인양계획 검토 및 이동식 크레인 정격하중 확인
③ 턴테이블 지반 상태 확인 및 고정 받침목 설치
④ 와이어로프 4줄 사용

9. 타워크레인 조립 설치 순서

7) 캣헤드 설치 작업준비

위험 포인트
① 고소작업자 추락
② 연결부 볼트 체결 전 줄걸이 로프 해제

중점 관리사항
① 부재중 가장 높은 부재
② 인양계획 검토 및 이동식 크레인 높이 확인
③ 줄걸이 와이어로프 상태 확인

8) 카운터 지브 조립

위험 포인트
① 고소작업자 추락 및 낙하
② 인양 시 좌우 불균형으로 인한 충돌
③ 카운터 지브와 캣헤드 연결 시 작업자 협착
④ 줄걸이 로프 파단

중점 관리사항
① 정확한 무게중심점 확인
② 유도로프 체결
③ 고소작업자 안전대 착용 및 생명줄에 고정

9. 타워크레인 조립 설치 순서

9) 호이스트 드럼(권상장치) 조립

위험 포인트
① 카운터 웨이트 미설치 공간에서 추락
② 낙하물에 의한 사고

중점 관리사항
① 와이어로프 상태 확인
② 유도로프 체결
③ 고소작업자 안전대 착용 및 생명줄에 고정

10) 카운터 지브 설치

위험 포인트
① 고소작업자 추락 및 낙하
② 인양 시 좌우 불균형으로 인한 충돌
③ 카운터 지브와 캣헤드 연결 시 작업자 협착
④ 줄걸이 로프 파단

중점 관리사항
① 정확한 무게중심점 확인
② 유도로프 체결
③ 고소작업자 안전대 착용 및 생명줄에 고정

9. 타워크레인 조립 설치 순서

11) 프런트 지브(메인 지브) 조립

위험 포인트
① 인양 시 불균형으로 인한 충돌
② 이동식 크레인 전도
③ 프런트 지브와 캣헤드 연결 시 작업자 협착
④ 인접 고압선에 접촉
⑤ 줄걸이 로프 파단

12) 프런트 지브(메인 지브) 조립 완료

중점 관리사항
① 카운터, 메인 지브 체결핀 및 분할핀 체결 확인
② 카운터, 메인 지브 체결 순서 확인
③ 카운터, 메인 지브 타이바 설치 순서 및 핀 확인
④ 트롤리 설치 상태 및 와이어로프 확인
⑤ 줄걸이 로프 위치 확인
⑥ 신호수 및 통제원 배치 확인 후 설치

9. 타워크레인 조립 설치 순서

13) 프런트 지브(메인 지브) 설치

중점 관리사항
① 부재중 가장 긴 부재
② 매뉴얼에 의한 조립 순서 준수
③ 이동식 크레인 양중능력 확인
④ 정확한 무게중심점 확인
⑤ 와이어로프 상태 확인
⑥ 고소작업자 안전대 착용 및 생명줄에 고정

14) 카운터 발라스트 블록(카운터 웨이트) 설치 – 1개당 무게 약 1.2~2.25ton

위험 포인트
① 블록 설치 중 작업자 추락, 협착, 손가락 끼임
② 블록 인양 시 충돌
③ 블록 설치 후 개구부 추락

중점 관리사항
① 고소작업자 안전대 착용 및 생명줄에 고정
② 발라스트 블록 설치 순서, 타입, 수량
③ 발라스트 블록 상태
④ 발라스트 블록 미설치 공간 추락방지 조치

9. 타워크레인 조립 설치 순서

15) 와이어로프 설치

위험 포인트
① 와이어로프 설치 작업자 추락
② 와이어로프 권취 시 작업자 협착, 감김

중점 관리사항
① 고소작업자 안전대 착용 및 생명줄에 고정
② 와이어로프 권취 시 면장갑 착용 금지

16) 타워크레인 설치 1일차 종료

중점 관리사항
① 각 구조부 체결 상태 확인
② 와이어로프 권취 상태 확인
③ 안전장치 작동 상태 확인
④ 타워크레인 기초부 방호울 설치 상태 확인
⑤ 근접 타워크레인 간 이격 상태 확인

10. 타워크레인 상승

1) 텔레스코픽(마스트 상승) 작업

위험 포인트
① 카운터 지브와 프런트 지브의 불균형 전도
② 고소작업자 추락, 협착

중점 관리사항
① 카운터 지브와 프런트 지브의 균형 유지
② 크레인 선회 금지
③ 러닝 레일(가이드 레일) 이상 유무
④ 클라이밍 유압장치 이상 유무

2) 타워크레인 상승작업[브레이싱(Bracing) 설치]

중점 관리사항
① 브레이싱 자재 확인
② 콘솔 브래킷, 컬러프레임 및 타이바 등 반입 자재 및 부자재 확인

10. 타워크레인 상승

③ 벽체 설치용 발판 설치
④ 콘솔 브래킷 설치
⑤ 작업자 추락 위험요인인 안전고리 철저히 관리

⑥ 컬러프레임 설치 작업
⑦ 벽체 콘솔과 컬러프레임 수평도 확인
⑧ 작업자 추락방지 예방 철저

⑨ 타이바 길이 측정, 기장 절단 및 콘솔 체결부 용접 작업
⑩ 작업 시 화재예방 철저(소화기 및 불티방지망 설치)

10. 타워크레인 상승

⑪ 컬러프레임과 콘솔에 타이바 체결 작업
⑫ 고소작업 시 작업자 안전 확보 후 작업

[브레이싱 설치]

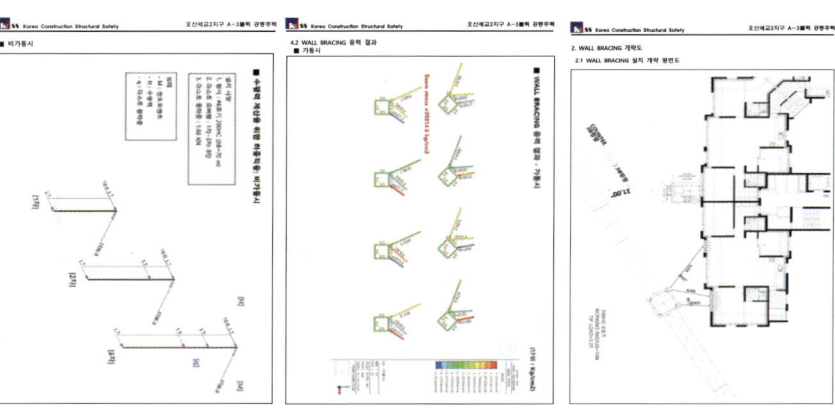

월 브레이싱(Wall Bracing) 구조검토

「건설기계관리법 시행규칙」 제23조(정기검사의 신청 등)
② 타워크레인에 대하여 제1항에 따라 정기검사를 신청하는 경우에는 다음 각 호의 서류를 함께 제출해야 한다.
   1. 설계도서와 건설기계기술사, 건축구조기술사 등이 발행한 해당 현장 구조검토서
   2. 최근 3년간의 정비이력, 사고이력 및 자체적으로 실시한 점검결과를 기재한 서류
   3. 타워크레인 설치 및 해체 시 해당 장면이 촬영된 영상자료(시·도지사 또는 검사대행자가 요청한 경우에 한정한다)

10. 타워크레인 상승

3) 텔레스코픽 장치의 기본 구조

❶ 텔레스코픽 케이지
❷ 가이드 섹션
❸ 유압실린더
❹ 요크
❺ 가이드 레일
❻ 유압장치
❼ 서포트 슈

10. 타워크레인 상승

4) 텔레스코픽 작업 순서도

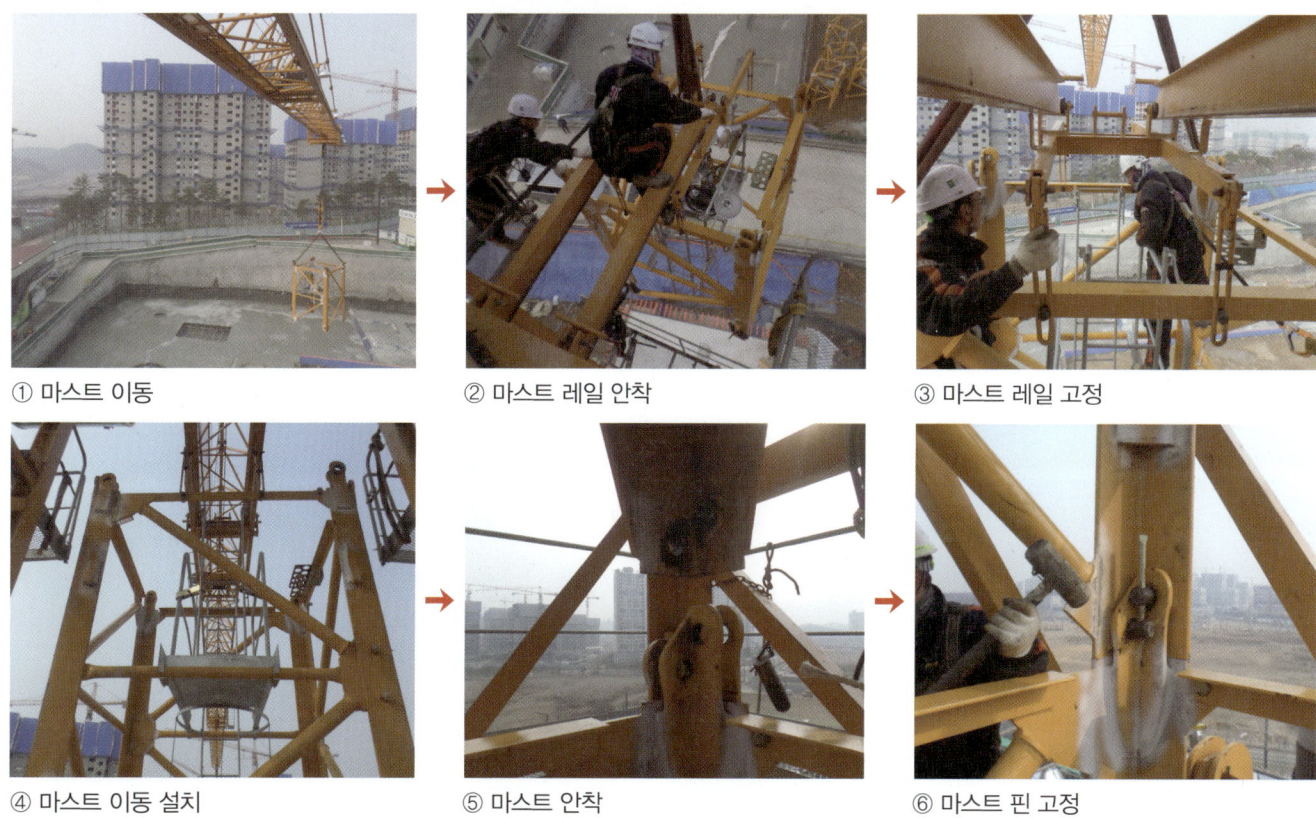

① 마스트 이동
② 마스트 레일 안착
③ 마스트 레일 고정
④ 마스트 이동 설치
⑤ 마스트 안착
⑥ 마스트 핀 고정

10. 타워크레인 상승

5) 텔레스코픽 케이지의 안내 롤러

위험 포인트
① 안내 롤러의 간격
② 고정 볼트, 핀 연결부
③ 마스트 인입 높이 확인

6) 텔레스코픽 장치 확인사항

요크(Yoke) 방식 인상작업
① 마스트 상승작업 전 확인(실린더 및 유압장치)
② 상승작업 시 요크발 상태 확인(최종 상승 후 요크발, 서포트 슈 상태 한번 더 확인)

10. 타워크레인 상승

7) 텔레스코픽 작업 중 확인사항

위험 포인트
① 반드시 마스트 볼트로 체결 상부를 고정하고 타워를 동작
② 항상 서포트 슈와 램은 클라이밍 브레이싱 위에 견고히 고정

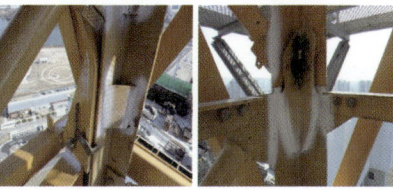

③ 최상부 마스트가 볼 슬루잉 서포트(Ball Slewing Support)에 고정되었을 때 동작

10. 타워크레인 상승

8) 텔레스코픽 상승작업(순서)

① 텔레스코픽 케이지의 유압장치가 있는 방향에 카운터 지브가 위치하도록 카운터 지브의 방향을 확인한다.
② 텔레스코픽 작업 전에 설치할 마스트를 지브 방향으로 운반한다.

③ 상승할 마스트를 훅(전용 지그)에 안전하게 걸어 들어 올린다.
④ 트롤리를 횡행시켜 텔레스코픽 케이지의 가이드 레일 위에 마스트를 안전하게 내려 놓는다(안내 롤러 간격 5mm 및 균형 유지).
⑤ 상단부 마스트에 완전히 안착된 상태에서 안전핀을 체결 후 작동한다.
⑥ 볼트, 핀 체결 시 적정 토크 체결력을 준수하여 설치한다.

10. 타워크레인 상승

⑦ 카운터 지브와 메인 지브의 균형을 유지하기 위하여 마스트 1개를 들어 올린다.
⑧ 텔레스코픽 케이지의 안내 롤러의 간격이 마스트의 4군데와 일정한 상태가 될 때까지 트롤리를 이동시켜 전·후 평형상태의 균형을 유지한다.
※ ⑧번 작업이 완료되면 크레인은 절대로 선회 작업을 해서는 안 된다.

⑨ 텔레스코픽 유압장치를 작동시켜서 유압실린더를 전진한다.
⑩ 유압실린더 요크를 전진시킨 후 폴(Pawls)을 마스트 새들(Saddle)에 건다.
⑪ 유압실린더를 후진시킨다.
⑫ 탑 마스트(Top Mast)와 슬루잉 서포트 끝단의 간격이 일정하게 되면 텔레스코픽 케이지 내에 마스트를 밀어 넣는다.

⑬ 마스트의 연결 부분 간격이 일치되면 유압실린더를 하강한다.
⑭ 연결핀 홀(Hole)이 일치되면 유압실린더의 하강을 멈춘다.
⑮ 마스트 연결핀을 체결한다.
⑯ 탑 마스트와 슬루잉 서포트 연결핀을 체결한다.
⑰ 이로써 1개의 마스트 연장작업이 끝난다.
⑱ 계속하여 마스트 연장작업 시 ⑯번 작업은 생략한다.

※ 타워크레인의 해체작업은 설치작업의 역순으로 진행한다.

11. 타워크레인 점검 부적합 사례

1) 작업자

부적합 상태

정상 상태

부적합 내용
15층 외벽 콘솔 설치 중 안전벨트 미착용
: TBM 시 안전벨트를 착용했으나 상부작업 시 안전벨트 미착용 후 작업 진행

설치 기준
고소작업 시에는 필히 안전벨트 착용 후 작업 실시

2) 마스트 1

부적합 상태

정상 상태

부적합 내용
마스트(MAST) 용접부 누락 및 수평재 동파
: 용접부 손상에 따른 구조부 안전성 미확보로 좌굴 위험

설치 기준
「건설기계 안전기준에 관한 규칙」 제106조 (용접) 구조부분에 사용하는 강재를 용접할 때에는 용접부에 균열, 언더컷, 오버랩 및 크레이터 등의 결함이 없을 것

11. 타워크레인 점검 부적합 사례

3) 마스트 2

부적합 상태

정상 상태

부적합 내용
마스트 사다리 방호울 용접부 파단
: 타워 운전원 승·하강 시 추락 위험

설치 기준
현장에서 용접부 파단 부위 재용접

「건설기계 안전기준에 관한 규칙」 제122조 (사다리) 사다리의 높이가 6m를 초과하는 것은 방호울을 설치할 것. 이 경우 방호울은 지면에서 2.2m 이상 띄워야 한다.

4) 마스트 연결볼트 1

부적합 상태

정상 상태

부적합 내용
마스트 연결볼트 녹 과다 발생
: 마스트 연결볼트 고착

설치 기준
마스트 연결볼트 부식 제거 및 윤활 조치

「건설기계 안전기준에 관한 규칙」 제125조 (성능유지 등) ② 타워크레인의 조립상태나 물림상태는 성능과 안전에 지장이 없어야 하고, 현저한 부식 등이 있어서는 아니 된다.

11. 타워크레인 점검 부적합 사례

5) 마스트 연결볼트 2

부적합 상태

정상 상태

부적합 내용
MAST 연결볼트(HYM, 한양공영) 연식 초과
: 노후 볼트로 구조부 체결력 약화 및 파단 우려(제조사에서 제작한 볼트 사용 준수)

설치 기준
한국타워크레인에서 제작된 볼트로 교체

「건설기계 안전기준에 관한 규칙」 제107조(조립상태) 주요부분의 조립에 사용되는 볼트, 너트는 고장력 또는 그와 동등 이상의 기계적 성질을 가진 재질을 사용하여야 하고, 주요 구조부는 국토교통부장관이 정하여 고시하는 기준에 따라 제조된 제품을 사용하여야 한다.

6) 텔레스코픽 케이지 1

부적합 상태

정상 상태

부적합 내용
텔레스코픽 케이지 상부 작업발판 안전난간 미설치
: 작업자 추락 위험

설치 기준
상부 작업발판 교체

「산업안전보건기준에 관한 규칙」 제13조(안전난간의 구조 및 설치요건) 사업주는 근로자의 추락 등의 위험을 방지하기 위하여 안전난간을 설치해야 한다.

11. 타워크레인 점검 부적합 사례

7) 텔레스코픽 케이지 2

부적합 상태

정상 상태

부적합 내용

텔레스코픽 작업 시 상부 보조핀 미체결 및 불안전 체결
: 본체 좌우 균형이 무너질 경우 타워 도괴 위험

설치 기준

보조핀 누락 및 불안전 체결이 없도록 확인

「산업안전보건기준에 관한 규칙」 제141조(조립 등의 작업 시 조치사항) 사업주는 크레인의 설치·조립·수리·점검 또는 해체작업을 하는 경우 작업순서를 정하고 그 순서에 따라 작업을 하며, 규격품인 조립용 볼트를 사용하고 대칭되는 곳을 차례로 결합하고 분해할 것

11. 타워크레인 점검 부적합 사례

8) 메인 케이블 1

부적합 상태

부적합 내용
메인 케이블(Main Cable) 고정 상태 부적합
: 케이블 처짐 하중에 의한 피복 손상

설치 기준
메인 케이블 보호용 스타킹 설치

「건설기계 안전기준에 관한 규칙」 제129조의 3(전기식 건설기계의 접지 등) ② 전기식 건설기계의 전기배선은 적절하게 지지되고 다른 물체와 간섭 또는 손상이 되지 않는 구조이어야 한다.

정상 상태

11. 타워크레인 점검 부적합 사례

9) 메인 케이블 2

부적합 상태

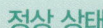

정상 상태

부적합 내용

마스트 역다운(Down) 작업 중 메인 케이블 2가닥 중 1가닥이 연결부에서 이탈
: 단락된 전선에 의한 감전 위험

설치 기준

전선 슬리브 접속 후 충분한 절연 상태 확보

> 「건설기계 안전기준에 관한 규칙」 제119조의 2(감전방지장치) 타워크레인의 전기장치는 직접접촉이나 간접접촉으로 인한 감전사고가 일어나지 아니하도록 감전방지장치를 설치하여야 하며, 한국산업규격 감전보호 기준에 따라야 한다.

11. 타워크레인 점검 부적합 사례

10) 탑 헤드 1

부적합 상태

정상 상태

부적합 내용

탑 헤드(Top Head) 규격이 Φ70mm → 연결핀 Φ70.3mm 반입됨(제작 결함)
: 탑 헤드와 운전실(Cabin)의 조립 불가

설치 기준

연결핀 신규품으로 교체

> 「건설기계 안전기준에 관한 규칙」 제107조(조립상태) 주요부분의 조립에 사용되는 볼트, 너트는 고장력 또는 그와 동등 이상의 기계적 성질을 가진 재질을 사용하여야 하고, 주요 구조부는 국토교통부장관이 정하여 고시하는 기준에 따라 제조된 제품을 사용하여야 한다.

11) 탑 헤드 2

부적합 상태

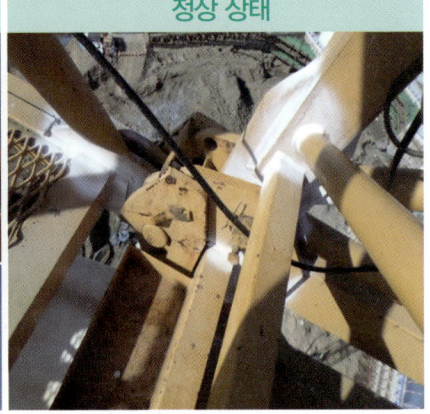
정상 상태

부적합 내용

카운터 지브에 고정된 메인핀의 이탈방지용 분할핀 미체결
: 메인 연결핀의 이탈로 인한 지브 낙하 우려

설치 기준

연결핀 신규품으로 교체

> 「산업안전보건기준에 관한 규칙」 제141조(조립 등의 작업 시 조치사항) 사업주는 크레인의 설치·조립·수리·점검 또는 해체작업을 하는 경우 작업순서를 정하고 그 순서에 따라 작업을 하며, 규격품인 조립용 볼트를 사용하고 대칭되는 곳을 차례로 결합하고 분해할 것

11. 타워크레인 점검 부적합 사례

12) 카운터 웨이트 1

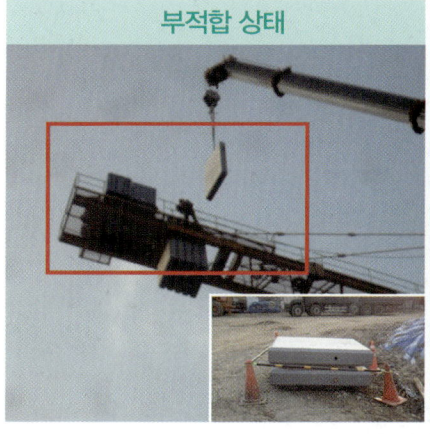
부적합 상태

정상 상태

부적합 내용
카운터 웨이트 타입 부적합
(A Type : 5EA + B Type : 2EA)
: 카운터 지브와 프런트 지브 불균형

설치 기준
카운터 웨이트 교체(A Type 6EA)

> 「건설기계 안전기준에 관한 규칙」 제107조(조립상태) ④ 마스트, 지브 및 기초 등의 구조부는 국토교통부장관이 정하여 고시하는 기준에 따라 제조된 제품을 사용하여야 한다.

13) 카운터 웨이트 2

부적합 상태

정상 상태

부적합 내용
카운터 웨이트 브래킷 균열
: 카운터 웨이트 인양 시 파단으로 인한 낙하

설치 기준
균열부 용접 보강 또는 교체

> 「건설기계 안전기준에 관한 규칙」 제106조(용접) 구조부분에 사용하는 강재를 용접할 때에는 용접부에 균열, 언더컷, 오버랩 및 크레이터 등의 결함이 없을 것

11. 타워크레인 점검 부적합 사례

14) 월 브레이싱

부적합 상태

정상 상태

부적합 내용
타워크레인 월타이 설치 작업반경 내 리프트 운행 및 자재 운반작업
: 타워크레인과 건설용 리프트카(Lift Car) 충돌 및 낙하물 발생 시 중대 재해사고 위험 내포

설치 기준
리프트카 운행 중지, 하부 운반작업 금지 조치

「산업안전보건기준에 관한 규칙」 제146조(크레인 작업 시의 조건) 사업주는 크레인을 사용하여 작업을 하는 경우 근로자의 출입을 통제하여 인양 중인 하물이 작업자의 머리 위로 통과하지 않도록 할 것

11. 타워크레인 점검 부적합 사례

15) 공도구 1

부적합 상태	정상 상태

부적합 내용
코어 드릴 접지선 고정단자 파손
: 누전 시 감전 위험

설치 기준
접지선 터미널 러그에 고정

「산업안전보건기준에 관한 규칙」 제304조(누전차단기에 의한 감전방지) 사업주는 전기 기계, 기구에 대하여 누전차단기를 설치하기 어려운 경우에는 작업시작 전에 접지선의 연결 및 접속부 상태 등이 적합한지 확실하게 점검하여야 한다.

16) 공도구 2

부적합 상태	정상 상태

부적합 내용
레버블록 훅 해지장치 탈락
: 줄걸이 벨트 이탈로 인한 안전사고 위험

설치 기준
훅 해지장치 즉시 설치

「산업안전보건기준에 관한 규칙」 제96조(작업도구 등의 목적 외 사용금지 등) 사업주는 기계·기구·설비 및 수공구 등을 제조 당시의 목적 외의 용도로 사용해서는 아니 되며, 체인과 훅이 변형, 파손, 부식, 마모되거나 균열된 것을 사용하지 않도록 조치할 것

11. 타워크레인 점검 부적합 사례

17) 공도구 3

부적합 상태	정상 상태
	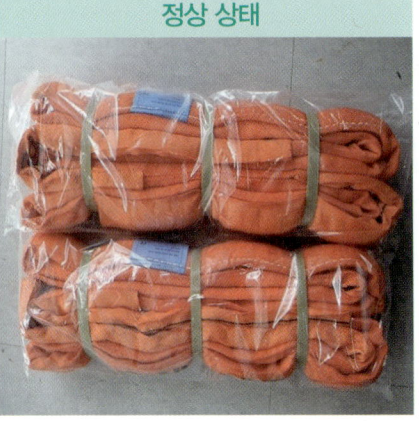

부적합 내용
마스트 인양용 라운드 슬링 손상
: 줄걸이 벨트 이탈로 인한 안전사고 위험

설치 기준
즉시 폐기 조치 및 신규품 교체

「산업안전보건기준에 관한 규칙」 제387조(꼬임이 끊어진 섬유로프 등의 사용금지) 사업주는 꼬임이 끊어지거나 심하게 손상되거나 부식된 섬유로프 등을 화물운반용 또는 고정용으로 사용해서는 아니 된다.

18) 공도구 4

부적합 상태	정상 상태

부적합 내용
이동식 크레인 아웃트리거 안전핀 미체결
: 이동식 크레인 전도 위험 우려

설치 기준
아웃트리거 안전핀 체결 철저

「산업안전보건기준에 관한 규칙」 제147조(설계기준 준수) 사업주는 이동식 크레인을 사용하는 경우에 그 이동식 크레인의 구조부분을 구성하는 강재 등이 변형되거나 부러지는 일 등을 방지하기 위하여 해당 이동식 크레인의 설계기준(제조자가 제공하는 사용설명서)을 준수하여야 한다.

11. 타워크레인 점검 부적합 사례

19) 공도구 5

부적합 상태

정상 상태

부적합 내용
이동식 크레인 양중작업 시 작업자가 크레인에 근접하여 작업
: 이동식 크레인 전도 시 작업자 협착 사고 위험

설치 기준
라바콘을 이용하여 접근금지 조치

「산업안전보건기준에 관한 규칙」 제20조(출입의 금지 등) 사업주는 해체작업을 하는 장소나 하역작업을 하는 경우 쌓아놓은 화물이 무너지거나 화물이 떨어져 근로자에게 위험을 미칠 우려가 있는 장소에 관계 근로자가 아닌 사람의 출입을 금지를 하여야 한다.

20) 양중물 내 탑승

부적합 상태

정상 상태

부적합 내용
타워크레인 설치·해체 중 베이직 마스트 양중 시 양중물 내 탑승
: 양중물 이동 시 줄걸이 파단, 충격 등에 의한 탑승자 추락

설치 기준
라바콘을 이용하여 접근금지 조치

「산업안전보건기준에 관한 규칙」 제20조(출입의 금지 등) 사업주는 해체작업을 하는 장소나 하역작업을 하는 경우 쌓아놓은 화물이 무너지거나 화물이 떨어져 근로자에게 위험을 미칠 우려가 있는 장소에 관계 근로자가 아닌 사람의 출입을 금지를 하여야 한다.

12. 타워크레인 사고 사례

1) 사고 사례 1

사고 현장
삼성중공업 거제조선소(2017년 05월 01일)

사고 내용
골리앗크레인과 충돌하여 타워크레인 붐 낙하 (사망 6명, 중경상 25명)

2) 사고 사례 2

사고 현장
영종도 대림 하늘도시(2017년 04월 07일)

사고 내용
타워크레인 설치 중 50ton 크레인 전도

12. 타워크레인 사고 사례

3) 사고 사례 3

사고 현장
세종시 소담동 주상복합(2017년 04월 01일)

사고 내용
타워크레인 해체 중 케이지 전도(부상 2명)

2017년 무인 타워크레인 사고 다발 발생
- 01월 13일 : 오산 무인타워 붐 낙하
- 03월 22일 : 천안 무인타워 붐 낙하
- 04월 01일 : 세종시 무인타워 케이지 전도
- 04월 24일 : 포항 무인타워 붐 낙하
- 05월 08일 : 속초 무인타워 도괴

12. 타워크레인 사고 사례

4) 사고 사례 4

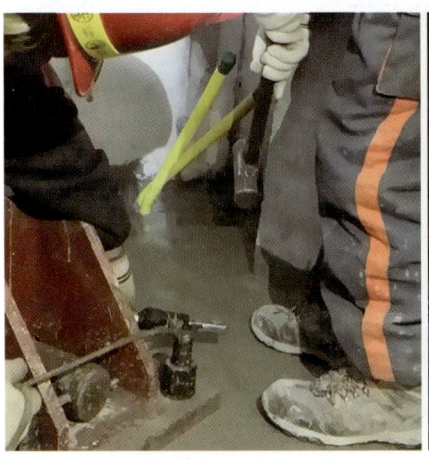 

사고 현장
서초 한양재건축(2017년 03월 10일)

사고 내용
콘솔 볼트 조임 중 손가락 골절

5) 사고 사례 5

사고 현장
남양주 힐스테이트(2017년 05월 22일)

사고 내용
타워크레인 인상 중 도괴

현장 상황
작업자가 운전실에서 운전한 상태에서 작업을 강행하면서 서포트 슈가 클라이밍 웨브에서 이탈(슈 파단)

12. 타워크레인 사고 사례

6) 사고 사례 6

사고 현장
의정부 민락2지구 10공구(2017년 10월 10일)

사고 내용
타워크레인 하강 중 도괴

현장 상황
작업팀장이 없는 상태에서 작업을 강행하다 실린더 멤버가 클라이밍 웨브에서 이탈

7) 사고 사례 7

사고 현장
기흥농수산물종합유통센터(2017년 12월 09일)

사고 내용
타워크레인 상승 중 도괴(사망 3명, 부상 4명)

현장 상황
작업팀이 MD1100 설치 경험이 없는 상태에서 작업을 강행하다 크로스빔 고정핀이 제거되면서 트롤리가 이동한 사고

12. 타워크레인 사고 사례

8) 사고 사례 8

사고 현장
평택 자이더익스프레스3차(2017년 12월 18일)

사고 내용
타워크레인 상승 중 케이지 낙하(사망 1명, 부상 4명)

현장 상황
요크가 탑패드에서 불완전하게 안착된 상태에서 이탈 또는 탑패드 파단으로 케이지 낙하

9) 사고 사례 9

사고 현장
제주도, 태풍 "타파"(2019년 09월)

사고 내용
소형 타워크레인 붐대 절단

12. 타워크레인 사고 사례

10) 사고 사례 10

사고 현장
경기도 과천(2021년 06월)

사고 내용
타워크레인 설치 중 낙하물에 의한 사고 (사망 1명)

현장 상황
줄걸이 작업으로 사용한 슬링벨트가 과하중 또는 반복하중에 의한 피로 손상 등에 의해 파단

12. 타워크레인 사고 사례

11) 사고 사례 11

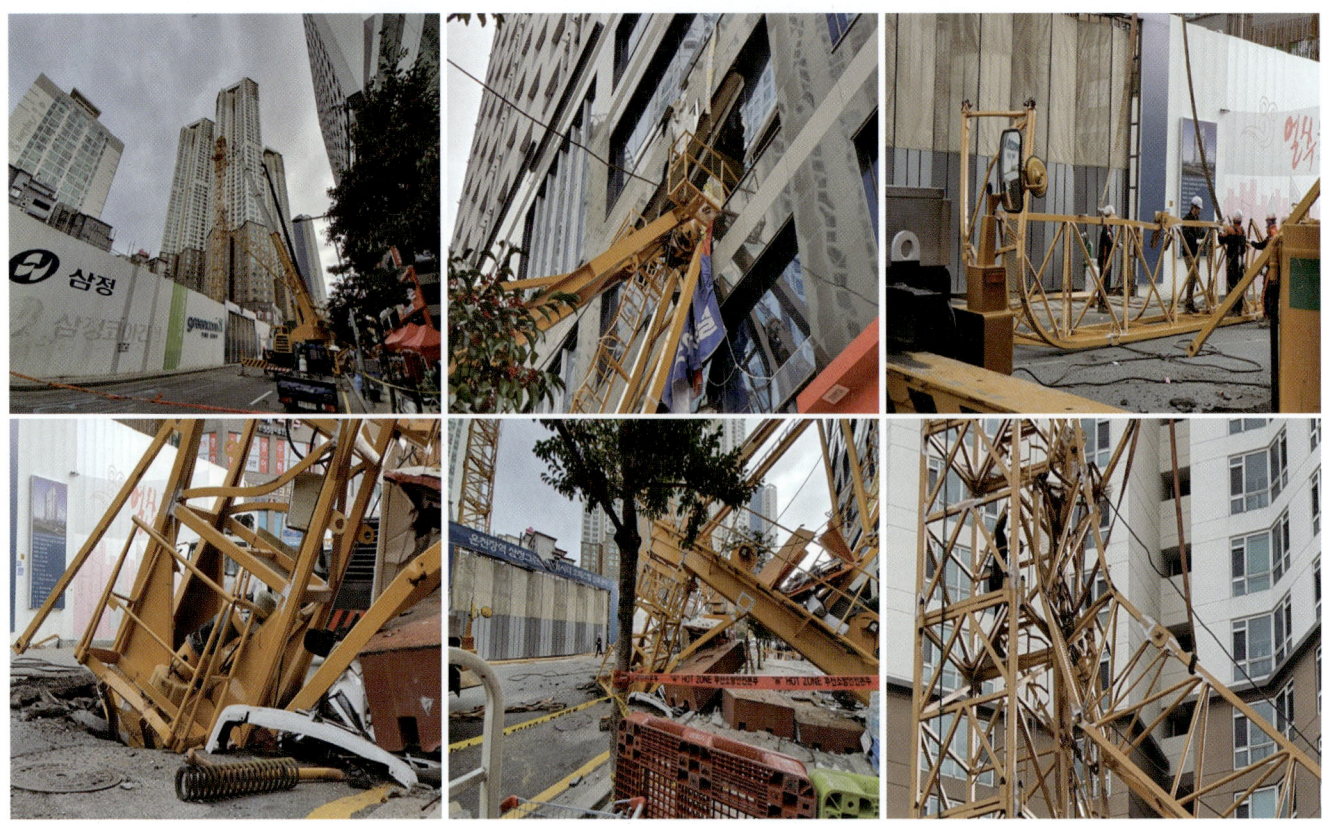

사고 현장
부산 영도구(2019년 11월 30일)

사고 내용
소형 불법 개조(T타워를 L타워로 개조)로 타워크레인 전도

12. 타워크레인 사고 사례

12) 사고 사례 12

사고 현장
인천 송도(2020년 01월 03일)

사고 내용
타워크레인 해체작업 중 전도(사망 2명)

12. 타워크레인 사고 사례

13) 사고 사례 13

사고 현장
경기도 의정부 신축공사(2021년 03월)

사고 내용
타워크레인 상승작업 중 전도(사망 1명)

현장 상황
요크가 탑패드에서 불완전하게 안착된 상태에서 이탈 또는 탑패드 파단으로 케이지 낙하

14) 사고 사례 14

사고 현장
전라북도 전주 오피스텔 공사(2021년 06월)

사고 내용
타워크레인 해체작업 중 추락(사망 1명)

현장 상황
건물 벽체에 간격지지대(Wall Bracing)를 설치하여 지지하였던 타워크레인의 해체작업 중 추락

12. 타워크레인 사고 사례

15) 사고 사례 15

사고 현장
전라남도 목포(2024년 03월)

사고 내용
타워크레인이 휘어지는 사고

현장 상황
강풍으로 아파트 신축공사 현장에서 타워크레인이 휘는 사고 발생

12. 타워크레인 사고 사례

16) 사고 사례 16

사고 현장
전라북도 익산(2024년 04월)

사고 내용
타워크레인 해체작업 중 작업자가 운전실 상부에서 떨어져 사망

현장 상황
타워크레인 해체작업 중 크레인 흔들림이 발생되어 균형을 잃은 작업자가 운전실 내부 시설에 두부를 부딪친 후 의식을 잃고 운전실 바닥의 개구부를 통해 하부 발판으로 떨어져 병원으로 이송되었으나 치료 중 사망한 사고

12. 타워크레인 사고 사례

17) 사고 사례 17

사고 내용
타워크레인 본체 전도

현장 상황
타워크레인 해체작업 진행 중 마스트 상부 파손으로 턴테이블 및 지브 등이 낙하(정상 위치로부터 약 90° 회전된 상태로 낙하)
❶ 해체 중 가이드 레일에서 낙하된 마스트
❷ 회전 후 낙하된 프런트 지브(상무의 방향과 낙하 후 방향이 90° 정도 회전된 상태)
❸ 균형을 잡기 위해 사용된 보조 마스트
❹ 해체된 마스트를 상차 중인 이동식 크레인

12. 타워크레인 사고 사례

18) 사고 사례 18

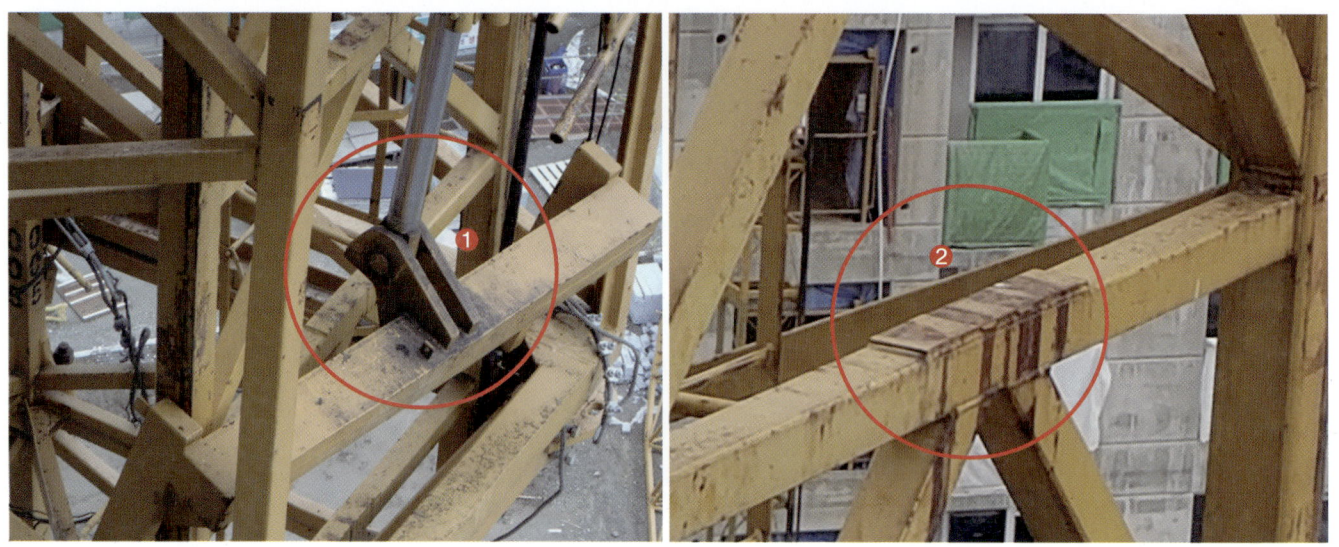

사고 내용
클라이밍 슈의 이탈

현장 상황
클라이밍 슈와 슈프레임이 마스트와 마찰된 흔적
❶ 이탈된 220HC 클라이밍 슈의 구조
❷ 클라이밍 슈의 이탈로 인한 흔적

12. 타워크레인 사고 사례

19) 사고 사례 19

사고 내용
턴테이블과 텔레스코픽 케이지 연결부 파손

현장 상황
미상의 원인으로 상부의 불균형이 발생하여, 턴테이블과 텔레스코픽 케이지 연결 부위가 파손된 사고
❶ 파손된 텔레스코픽 케이지 상단(턴테이블 연결부)
❷ 턴테이블과 연결된 텔레스코픽 케이지 상단부

13. 참고사항

중광도 A형 항공장애표시등(Medium Intensity Obstruction Light)

모델번호 : APL-MA-02
특성 : 내열성
광도 : ≥ 20,000cd
전구 : L.E.D
입력 : DC36V
평균 소비전력 : 107.1W
LED 수명 : 50,000시간
몸체 : 알루미늄 다이캐스팅
도장 : 항공 회색
중량 : 7.5kg±0.5

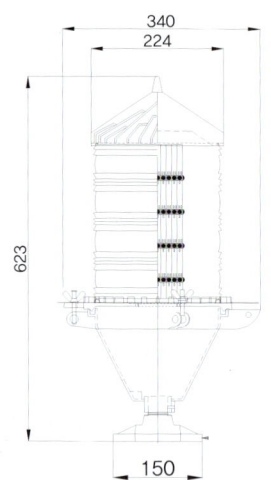

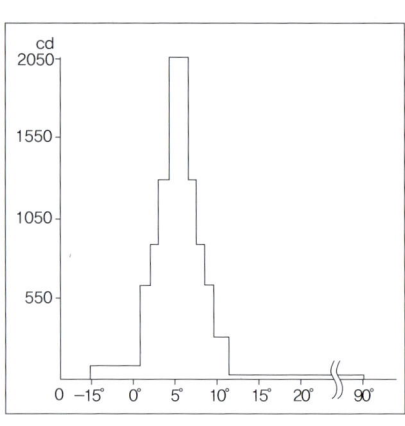

「공항시설법」 제36 제2항(항공장애 표시등의 설치 등)
② 장애물 제한표면 밖의 지역에서 지표면이나 수면으로부터 높이가 60m 이상 되는 구조물을 설치하는 자는 국토교통부령으로 정하는 표시등 및 표지의 설치 위치 및 방법 등에 따라 표시등 및 표지를 설치하여야 한다. 다만, 구조물의 높이가 표시등이 설치된 구조물과 같거나 낮은 구조물 등 국토교통부령으로 정하는 구조물은 그러하지 아니하다.

「항공장애 표시등과 항공장애 주간표지의 설치 및 관리기준」 제10조제6항(고정 물체)
⑥ 건설용 크레인에는 크레인의 최상부에 중광도 A형태 표시등을 최소 1개 이상 설치하여야 한다.

MEMO

건설용 리프트
CONSTRUCTION LIFT

1. 정의
2. 분류
3. 건설용 리프트 구조
4. 건설용 리프트 방호장치
5. 건설용 리프트 중점 안전관리
6. 건설용 리프트 부적합 사례
7. 건설용 리프트 사고 사례

1. 정의

「산업안전보건기준에 관한 규칙」 제132조(양중기)에서 "리프트라 함은 동력을 사용하여 사람이나 화물을 운반하는 것을 목적으로 하는 기계설비로서 건설용 리프트 및 간이 리프트를 말한다."라고 정의하고 있다.

1) 건설용 리프트

동력을 사용하여 가이드 레일을 따라 상하로 움직이는 운반구를 매달아 화물을 운반할 수 있는 설비 또는 이와 유사한 구조 및 성능을 가진 것으로서 건설현장에 사용하는 것을 말한다.

※ 여기서 동력이란 전동기 등 전기적인 힘에 의해 전달되는 동력을 말하며, 사람의 힘에 의해 작동되는 인력은 제외

2) 간이 리프트

동력을 사용하여 가이드 레일을 따라 움직이는 운반구를 매달아 소형화물 운반을 주 목적으로 하는 승강기와 유사한 구조로서 운반구의 바닥면적이 $1m^2$ 이하이거나 천장높이가 1.2m 이하인 리프트를 말한다.

건설용 리프트

리프트(공장, 창고)

2. 분류

1) 용도에 따른 분류
① 화물용 리프트 : 화물 운반만을 위한 전용 리프트
② 인화공용 리프트 : 화물과 사람을 동시에 이동시킬 수 있는 리프트

2) 동력 전달방식 및 형식에 따른 분류
① 랙 및 피니언식 : 랙 및 피니언과 전동기에 의해 작동
② 와이어로프식 : 와이어로프 및 윈치(Winch)에 의해 작동

3) 가이드 레일 형식에 따른 분류
① 1본식 : 가이드 레일이 1본으로 제작된 형식
② 2본식 : 가이드 레일이 2본으로 제작된 형식
③ 3본식 : 가이드 레일이 3본으로 제작된 형식
④ 4본식(타워식) : 가이드 레일이 4본으로 제작된 형식

3. 건설용 리프트 구조

1) 전체 구조

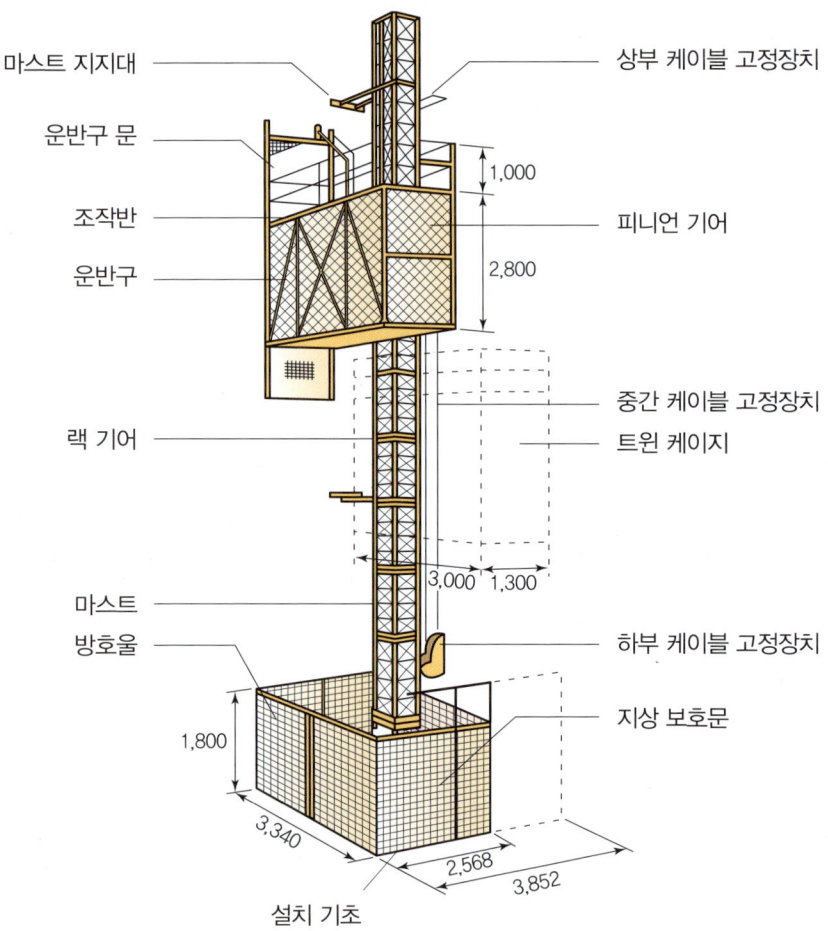

3. 건설용 리프트 구조

2) 세부 구조

❶ 상부 콤비 롤러(좌우 2조)
❷ 거버너 피니언 기어
❸ 안전고리(Safety Hook)
❹ 하부 콤비 롤러(좌우 2조)
❺ 상부 가이드 롤러
❻ 상부 압축 롤러
❼ 상부 피니언 기어
❽ 하부 가이드 롤러
❾ 하부 압축 롤러
❿ 하부 피니언 기어
⓫ 안전고리

[랙 기어 파손]

[피니언 기어 파손]

3. 건설용 리프트 구조

1. 상부 감속기
2. 하부 감속기
3. 상부 모터
4. 하부 모터
5. 전기장치
6. 하부 브레이크
7. 가바너(조속기)
8. 3상 전원차단 스위치

3. 건설용 리프트 구조

❶ 상부 브레이크(에어캡 확인)
❷ 전원장치(접지저항 테스트)

4. 건설용 리프트 방호장치

1) 방호울

리프트 주위에 철망이나 철판을 부착하여 사람의 내부 접근을 방지하는 시설물
: 물건 반입구의 바닥 면에서 1.8m 이상으로 설치

2) 충격완화장치

운반구가 바닥에 충돌하였을 때 충격을 완화시킬 수 있는 장치

4. 건설용 리프트 방호장치(안전장치)

3) 비상정지장치

푸시로 잠금

턴으로 리셋
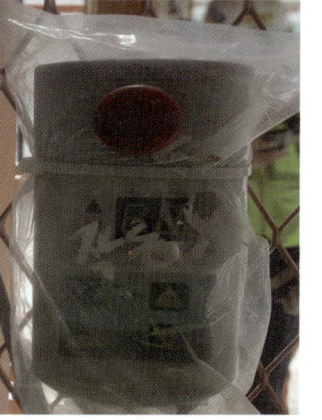

비상시 동력을 차단하여 리프트의 운행을 정지시키는 장치
: 누름 버튼은 적색으로 머리 부분이 돌출되고 수동복귀 형식일 것

4) 과부하방지장치-기계식

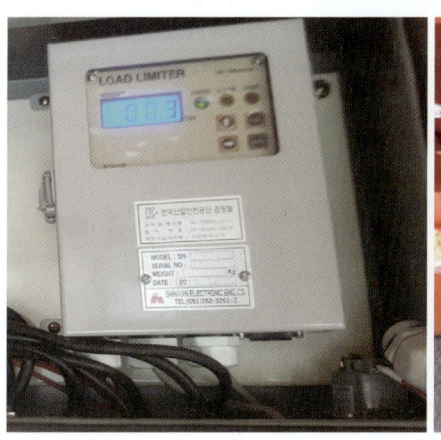

운반구에 적재하중을 초과 적재할 시 경보음을 내면서 리프트의 작동을 자동으로 정지시키는 장치

4. 건설용 리프트 방호장치(과부하장치)

5) 과부하방지장치 - 전자식

하중의 장력에 의해 스트레인 게이지(변형률계, Strain Gauge)가 압축 또는 인장 등의 변형 발생으로 변형량을 전기신호로 검출한 뒤 컴퓨터 등에 의해 하중값으로 환산하여 인디케이터에서 식별하는 방법

 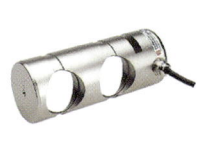

6) 권과방지장치

운반구가 승강로의 최상부 또는 최하부에 도달하기 전 리미트 스위치가 작동하여 운전을 정지시키는 장치

[상부 리미트 터치바]　　　　　　　　　　　　　　　[하부 리미트 터치바]

4. 건설용 리프트 방호장치(안전장치)

7) 낙하방지장치

[자유낙하 테스트]

운반구가 정상 정격속도를 초과하면(1.3배) 자동으로 전원을 차단하고 운반구의 하강을 기계적으로 저지하는 장치

8) 출입문 연동장치

운반구 출입문이 열려 있는 상태에서는 상승, 하강이 되지 않도록 하는 장치

4. 건설용 리프트 방호장치

9) 3상 전원차단 장치

운반구 내에서 이상 상태가 발생할 경우 전원을 차단하는 장치

※ 최종 안전장치(Final Limit Switch)

5. 건설용 리프트 중점 안전관리

1) 중점 안전관리 사항 1

운반구 출입문과 바닥 끝단과 하역 또는 적재할 건물의 바닥 전면과의 간격은 60mm 이하가 되도록 하여야 한다[리프트 제작 및 안전기준(고용노동부 고시 제2012-33호)].

2) 중점 안전관리 사항 2

운반구 상부 협착방지장치 기능 상실(좌) 및 과부하방지장치 작동 불량(우)

6. 건설용 리프트 부적합 사례

1) 기초부

부적합 상태

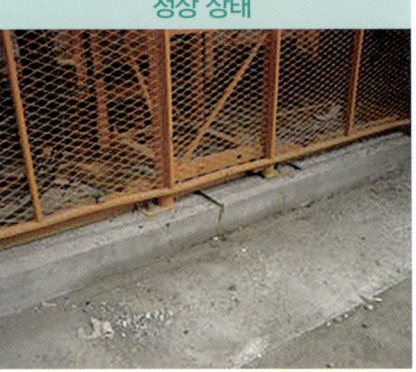
정상 상태

부적합 사항
기초부 침하 상태

위험 요인
부동침하에 의한 앵커 부위 훼손으로 장비 전도

중점 안전관리 사항
① 기초부 하부 지내력 강화 조치
② 마스트(Mast)의 기초는 부동침하에 의해 무너지지 말 것

2) 마스트 1

부적합 상태

정상 상태

부적합 사항
마스트 브레이싱 용접부 파단

위험 요인
횡력에 대한 저항성의 약화로 마스트 좌굴 위험

중점 안전관리 사항
① 브레이싱 용접 보강 실시
② 용접은 용해가 충분하고 언더컷, 오버랩 등 용접 결함이 없을 것

6. 건설용 리프트 부적합 사례

3) 마스트 2

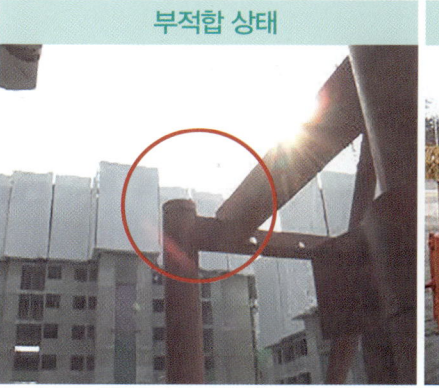
부적합 상태

정상 상태

부적합 사항
최상단 마스트 빗물 유입장치 캡(덮개) 망실

위험 요인
빗물 등의 유입으로 마스트의 내부 부식 발생과 동파 위험

중점 안전관리 사항
① 마스트 캡 설치
② 마스트 최상단부에는 덮개를 설치하고 최하단부에는 배수 구멍을 천공할 것

4) 가이드 롤러

부적합 상태

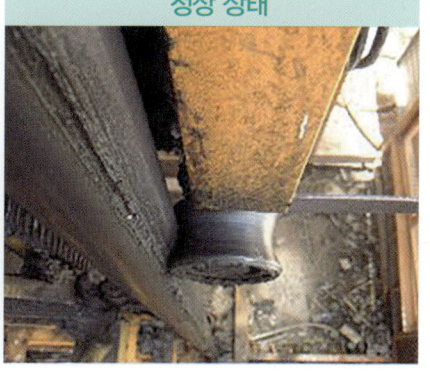
정상 상태

부적합 사항
가이드 롤러 간극 과다

위험 요인
가이드 롤러의 간극 과다로 인한 운반구 지지력 약화

중점 안전관리 사항
① 가이드 롤러 간극 3mm 이내로 조정
② 마모 한도는 원 두께의 10% 미만, 손상·이탈 여부 확인

6. 건설용 리프트 부적합 사례

5) 지지대(월타이) 1

부적합 상태

정상 상태

부적합 사항
마스트 지지대(월타이) 경사도 ±8° 초과

위험 요인
횡력에 대한 저항성의 약화로 마스트 좌굴 위험

중점 안전관리 사항
설치기준 확인(기초면에서 6m 이내 1개소, 중간지점들 매 18m 이내마다 1개소, 최상부지점 1개소 이상)

6) 지지대(월타이) 2

부적합 상태

정상 상태

부적합 사항
최상단 마스트 지지대 비규격품 사용

위험 요인
마스트 지지력 약화로 횡력에 대한 안정성 결여

중점 안전관리 사항
① 마스트 설치 시 정확한 설치기준에 의해 작업할 것
② 건설용 리프트 설계검사 도면 준수(형식승인 도서 참고)

6. 건설용 리프트 부적합 사례

7) 동력 전선

부적합 상태	정상 상태

부적합 사항
전원 케이블 꼬임 과다

위험 요인
케이블의 파손 및 케이블 트롤리에서 이탈 우려

중점 안전관리 사항
① 전원 케이블 교체
② 설계 또는 설치 당시의 안전과 성능이 유지 및 관리되어야 한다.

8) 감속기

부적합 상태	정상 상태

부적합 사항
감속기 오일 누유

위험 요인
윤활유의 부족에 따른 발열 및 내부 기어 손상 위험

중점 안전관리 사항
① 감속기 오일 보충 및 수리
② 기계장치의 이음부에서는 윤활유가 누유되지 않아야 한다.

6. 건설용 리프트 부적합 사례

9) 층별 방호문

부적합 상태

정상 상태

부적합 사항
세대탑승구 방호문 설치 부적합

위험 요인
세대탑승구 방호문 및 구조물 간격 과다로 작업자 추락 위험

중점 안전관리 사항
방호문 옆 수직 개구부에 안전난간 또는 방호울을 설치하는 등 추락방지를 위한 조치를 취해야 한다.

10) 하강경보

부적합 상태

정상 상태

부적합 사항
운반구 하강 시 경보장치 작동 불능

위험 요인
승차 대기자 또는 내부 수리자의 운반구 이동 여부 인지 부족으로 2차 재해 발생 위험

중점 안전관리 사항
① 경보장치 수리 또는 교환
② 운반구의 상·하강을 알리기 위한 경보장치를 설치해야 한다.

6. 건설용 리프트 부적합 사례

11) 방호울 연동장치 1

부적합 사항
지상면 방호울 연동리미트 고리 임의고정으로 기능 상실

위험 요인
출입문이 열린 상태에서 리프트가 작동됨으로 작업자 협착사고 위험

중점 안전관리 사항
① 즉시 방호울 연동장치 복원
② 작업자에게 안전장치 임의해체 금지 교육 실시

12) 방호울 연동장치 2

부적합 사항
연동출입구 개방 상태로 자재 인양

위험 요인
출입문이 열린 상태에서 리프트가 작동됨으로 작업자 협착사고 위험

중점 안전관리 사항
① 즉시 방호울 연동장치 복원
② 작업자에게 안전장치 임의해체 금지 교육 실시

7. 건설용 리프트 사고 사례

1) 사고 사례 1

사고 형태	리프트 오동작으로 세대 작업자 추락사	사고 일자	2017년 07월 29일 15시 40분
현장명	태전동 ○○APT 현장	재해 정도	사망 2명

사고 개요

리프트 작업자 2명이 해체작업 중 7층에서 최상단 마스트 볼트를 해체하고 마스트를 이렉션 크레인으로 인양하기 위해 운반구를 약간 상승시킨 후 정지시키려 하였으나 운반구가 멈추지 않고 계속 상승하여 마스트와 함께 운반구가 낙하하여 작업자 2명이 추락, 사망한 재해

사고 원인

상승 M/C(Magnetic Contactor) 접점 불량 또는 펜던트(Pendant) 스위치 불량

예방 대책

일반형 리프트 상하 M/C 접점 상시 확인 후 작업, 펜던트 스위치 결선 사용금지(고정형 컨택터 사용)

7. 건설용 리프트 사고 사례

2) 사고 사례 2

사고 형태	리프트 오동작으로 세대 작업자 추락사	사고 일자	2017년 04월 12일 09시 00분
현장명	안성 ㅇㅇAPT 현장	재해 정도	사망 1명

사고 개요
전기보조공(71세)이 18층에서 운반구 내부에 자재를 상차하던 중 리프트 오작동으로 운반구가 19층으로 상승된 상황을 모르고 작업을 하던 중 실족하여 1층으로 추락사한 재해

사고 원인
출구문 안전장치 및 세대 안전문 안전장치를 임의해제하여 무인운전상 다른 층에서 호출 시 운반구가 움직일 수 있음에 부주의하였다.

예방 대책
출입구 인터록 장치 및 세대 안전문 임의해제 금지

7. 건설용 리프트 사고 사례

3) 사고 사례 3

사고 형태	리프트 오동작으로 세대 작업자 추락사	사고 일자	2013년 06월 13일 15시 30분
현장명	○○APT	재해 정도	사망 1명, 부상 1명

사고 개요
리프트 설치공 2명이 4층 높이(약 12m)까지 리프트 설치작업 중 마스트 연결볼트 4개 중 1개만 체결한 상태에서 볼트가 부족하자 하부로 내려왔다가 착각으로 인해 볼트가 체결되지 않은 마스트 상단으로 운반구를 상승시키자 1개만 체결한 볼트가 파단되면서 운반구와 함께 추락한 사고

사고 원인
설치 시 마스트에 맞게 볼트를 준비하고 볼트가 부족한 경우 마스트를 조립하지 말고 볼트 4개가 준비된 상태에서 조립하여야 하나 볼트가 부족한 상태에서 1개만 체결하였다.

예방 대책
리프트 설치 시 볼트는 4개씩 묶음으로 관리하고, 작업자의 작업 위치에 따른 눈높이 관리감독을 실시하여 근로자의 착각에 의한 실수를 방지하도록 한다.

7. 건설용 리프트 사고 사례

4) 사고 사례 4

사고 형태	리프트 해체 중 오동작	사고 일자	2016년 01월 27일 10시 30분
현장명	성남 ㅇㅇAPT 현장	재해 정도	없음

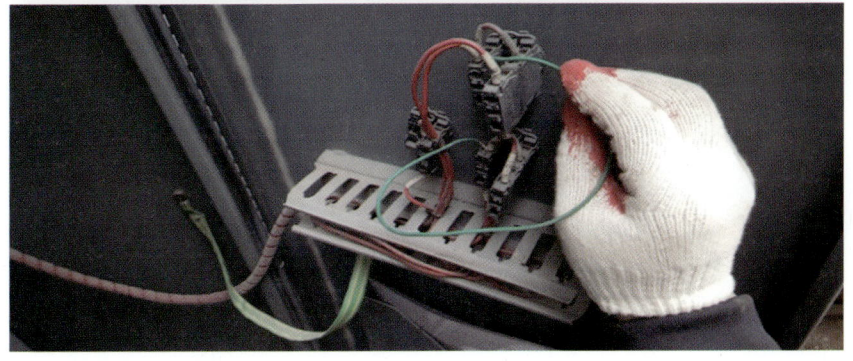

사고 개요
리프트 해체 작업자 2명이 해체작업 중 월타이 해체 후 타이바 고정볼트 해체를 하기 위하여 운반구를 상승시킨 후 상승 스위치 동작을 멈추었으나 운반구가 계속 상승하였고, 작업자가 비상 스위치를 눌렀으나 멈추지 않자 패널 내부 전원차단장치를 작동시켜 전원을 차단시킴으로써 정지시킨 사고

사고 원인
패널 수동작업 버튼 무인 운전방지 회로에 부가회로를 배선한 것이 기존 전선에 영향을 주어 오동작한 것으로 추정된다.

예방 대책
도면상 결선 회로 외 추가 배선 금지(감독 검수 시 확인 강화)

7. 건설용 리프트 사고 사례

5) 사고 사례 5

사고 형태	리프트 설치 중 추락	사고 일자	2015년 10월 03일 09시 49분
현장명	김해 ○○APT 현장	재해 정도	사망 2명

사고 개요
리프트 설치 작업자 2명이 설치작업 중 마스트를 연장하기 위하여 운반구를 승강로의 최상부로 상승시키고 마스트를 연결하는 과정에서 마스트 연결부가 분리, 운반구가 추락하면서 운반구 상부에 탑승해 있던 작업자 2명이 운반구와 함께 추락하여 사망한 재해

사고 원인
마스트를 연장하면서 마스트 연결볼트를 체결하여야 하나 연결볼트 수량 부족으로 볼트 미 체결 후 지상으로 볼트 및 후속 작업용 마스트를 인양하였고, 이후 8번과 9번 마스트 연결볼트를 체결한 것으로 착각하고 운반구 상승 중 일어난 휴먼에러(Human Error) 사고

예방 대책
리프트 설치 및 연장작업 중 마스트 연결볼트 체결 확인 후 공정 진행, 여유 마스트 보유 후 작업(마스트 볼트 부족으로 인한 임의 체결 금지)

7. 건설용 리프트 사고 사례

6) 사고 사례 6

사고 형태	리프트 오동작으로 세대 작업자 추락	사고 일자	2013년 10월 19일 10시 40분
현장명	○○발전소	재해 정도	사망 1명, 부상 1명

[연돌 점검용 리프트]

[낙하한 운반구]

사고 개요
리프트 설치공인 피재자 2명이 연돌 점검용 리프트가 높이 90m 지점에서 이상 발생으로 운행을 멈추자 원인 파악 중 낙하방지장치의 고장으로 판단하여 안전장치인 낙하방지장치를 제거, 리프트 운반구가 아래로 급하강하면서 운반구에 있던 피재자 2명도 같이 90m 아래로 추락한 사고

사고 원인
리프트 고장 발생 시 수리가 가능한 전문가가 수리하도록 하여야 하나 고장 원인을 모르는 설치공이 수리를 실시하였다(제작사에서 정한 고장 발생 시 조치방법을 이행하지 못함).

예방 대책
리프트 고장 시 전문업체의 수리공 이외의 근로자가 수리작업을 하지 않도록 하고 제작사에서 정한 조치방법을 준수하여 고장 원인을 파악하도록 한다.

이동식 크레인
MOBILE CRANE

1. 종류
2. 주요 용어
3. 양중곡선과 임계하중의 이해
4. 양중계획 작성
5. 이동식 크레인 복합양중
6. 지반 안전성 검토
7. 이동식 크레인 주요 명칭
8. 이동식 크레인 점검 포인트
9. 이동식 크레인 주요 부위 및 안전장치 점검
10. 이동식 크레인 점검 방법
11. 이동식 크레인 점검 불량 발생 사례
12. 이동식 크레인 사고 사례

1. 종류

1) **전지형 크레인(All Terrain Crane)**
   트럭 크레인의 고속주행성과 험지형 크레인의 적은 회전반경을 취합한 크레인이다.

2) **험지형 크레인(Rough Terrain Crane)**
   4륜 주행과 조향이 가능하며 주행과 크레인 작업이 한 개의 운전실에서 수행되는 크레인으로 선회반경이 매우 작아 협소 공간에서의 작업에 용이하다.

3) **크롤러 크레인(Crawler Crane)**
   하부 주행체의 주행부에 무한궤도를 사용한 자주식 크레인이다.

| 1) 전지형 크레인 | 2) 험지형 크레인 | 3) 크롤러 크레인 |

1. 종류

4) 트럭 크레인(Truck Crane)
하부 주행체의 주행부에 타이어를 사용한 자주식 크레인이다.

5) 트럭 탑재형 크레인(Truck Mounted Crane)
화물의 운반과 적재를 위해 카고트럭 화물적재함에 소형 크레인을 탑재한 크레인이다.

4) 트럭 크레인　　　5) 트럭 탑재형 크레인

2. 주요 용어

1) 반경(Working Radius)
크레인 선회중심에서 훅(Hook) 중심까지의 수평거리

2) 인양높이(Lifting Height)
지면으로부터 훅까지의 수직거리

3) 붐 길이(Boom Length)
붐 하단부의 지지핀으로부터 붐 끝단의 아래 시브핀까지의 축 길이

4) 기복 각도 (Boom Angle)
붐의 중심선과 수평선의 각도

2. 주요 용어

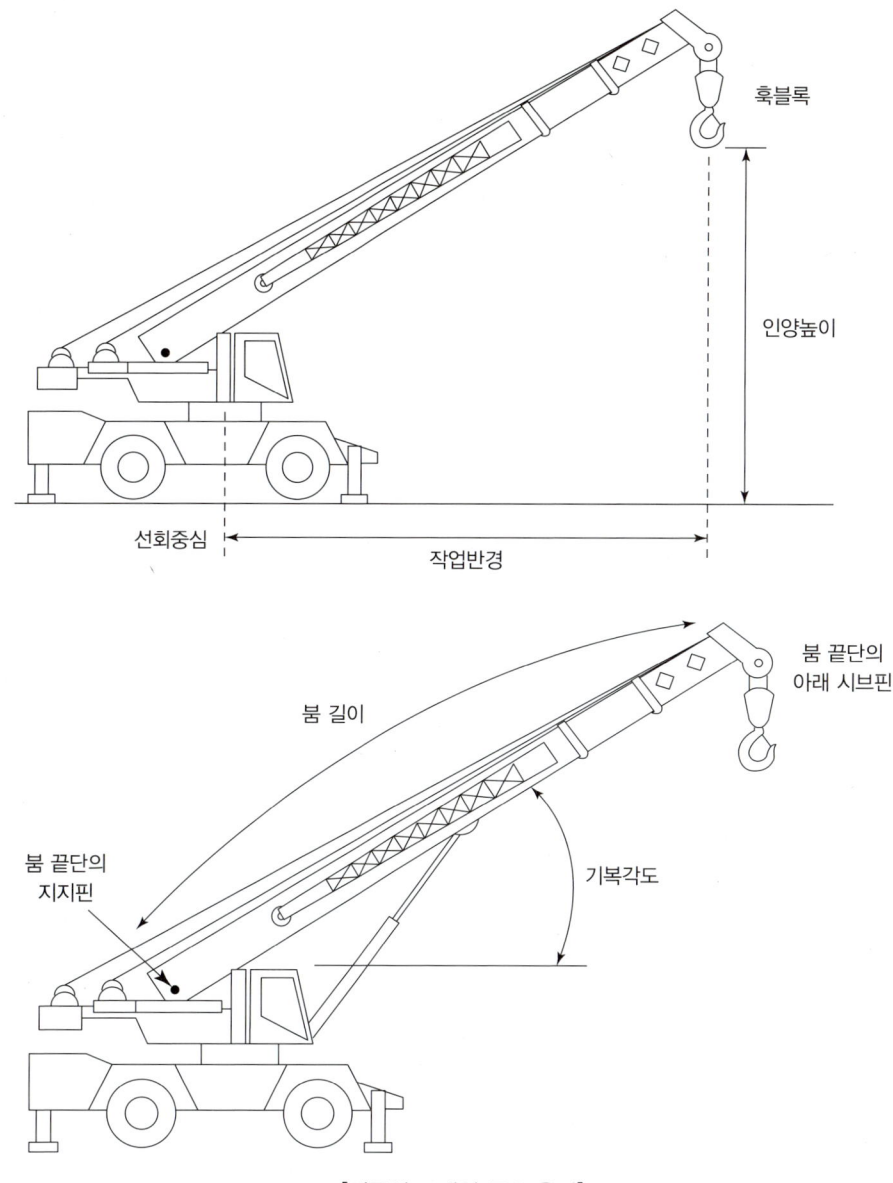

[이동식 크레인 주요 용어]

3. 양중곡선과 임계하중의 이해

1) 양중곡선의 이해

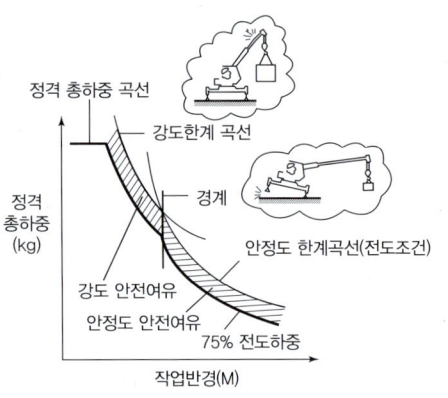

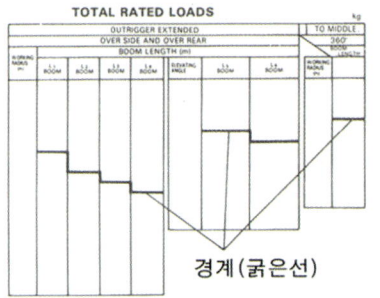

경계(굵은선)

(1) 크레인의 인양능력 결정

작업반경이 클 때는 크레인 안정도에 기초하고 작업반경이 적을 때는 붐 및 기타 구조물의 강도에 의해 결정된다.

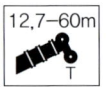

		12.7m	17m	21.4mm
3	130	82.6	82.6	
3.5	92.4	82.6	82.6	82.4
4	86	82.6	82.3	79.5
4.5	80.4	79.9	76.7	73.9
5	75.5	74.5	71.9	69.1
6	67.2	64.7	63.9	61.3
7	60.1	56.9	57.6	55.9
8	53.5	50.2	50.9	50.7
9	46.8	44.6	45.3	45.5
10	37.7	37.7	40.4	40.6
11			36.3	36.4
12			32.8	33
14			27	27.5

(2) 양중능력표

양중능력표에 현장에서 실측한 길이가 없을 경우에는 양중능력표상의 작업반경을 선택하여 사용하고 보간법이나 나눗셈으로 접근하지 않는다.

3. 양중곡선과 임계하중의 이해

2) 임계하중의 이해

(1) 정의

임계하중은 이동식 크레인이 최대로 들어 올릴 수 있는 하중과 들어 올릴 수 없는 하중의 경계하중을 말한다. 즉, 크레인이 최대하중을 들어 올렸을 때 아웃트리거(Outrigger)가 들리는 순간의 하중을 말한다.

- ASME B30.5
  75%(아웃트리거 없음), 85%(아웃트리거 있음)
- ISO / DIN / EN 13000
  P = (T−0.1F) / 1.25(약 75~80%)
  (P : 정격하중, T : 전복하중, F : 붐의 자중)

유형	정격하중(%)	
	ASME 30.5	ISO / DIN / EN 13000
(크레인) 아웃트리거 없음	75	(T−0.1F) / 1.25 (75 ~ 80)
(크레인) 아웃트리거 사용	85	
휠 장착, 아웃트리거 사용	85	

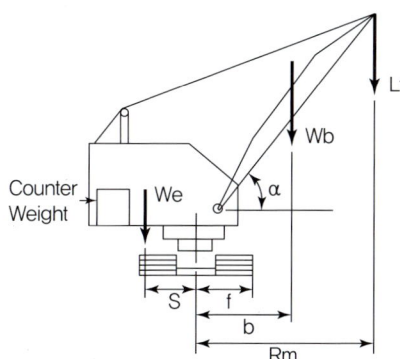

Lt [(s+f) we − (b−f) × wb] / (Rm−f)
(we : 크레인 중량, Rm : 인양반경, wb : 문의 무게)

- 크레인 제작사의 공칭 전도하중
  Rm = 12ft, 15ft일 때 최대하중

(2) 크레인에 미치는 영향

붐의 탄성 변형, 바람, 충격하중, 동하중 등을 발생

3. 양중곡선과 임계하중의 이해

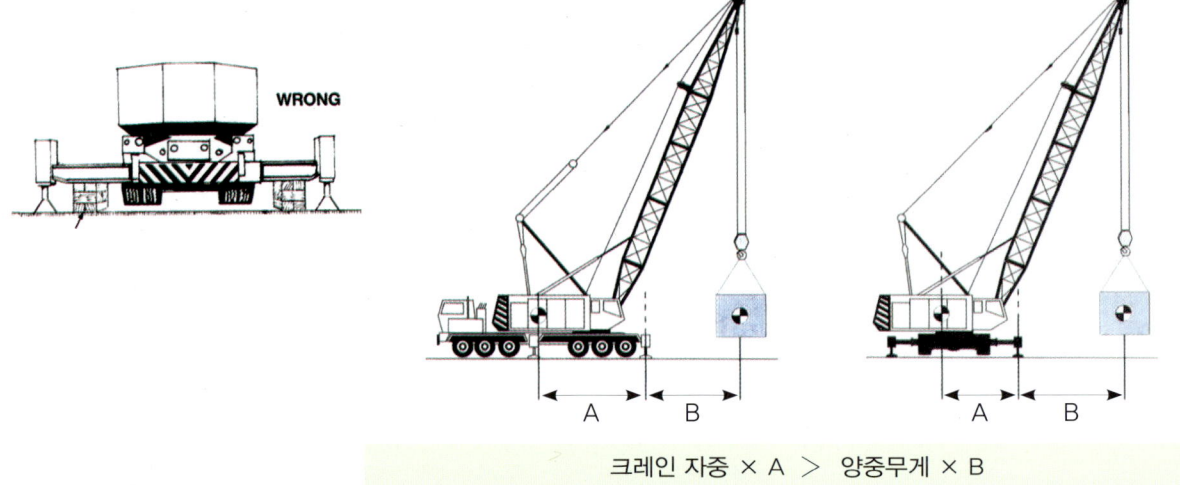

크레인 자중 × A > 양중무게 × B

• 전방 아웃트리거 사용은 왜 하는가?

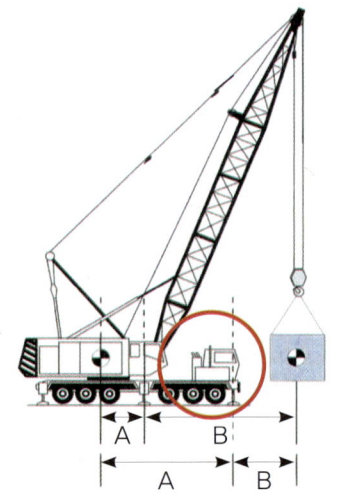

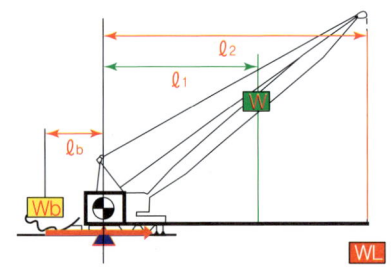

- 안정모멘트 = Wb × ℓb
- 양중모멘트 = W × ℓ1 + WL × ℓ2

크레인 자중 × A > 양중무게 × B

3. 양중곡선과 임계하중의 이해

3) 크레인 인양능력표(Load Chart)

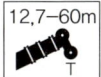 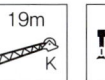

	50,5m			51,9m			54,9m			56,2m		
	19m			19m			19m			19m		
	0°	20°	40°	0°	20°	40°	0°	20°	40°	0°	20°	40°
11	4,2			4,5								
12	4,2			4,4			3,9			3,9		
14	4,1			4,4			3,8			3,9		
16	4			4,3			3,8			3,8		
18	4			4,2	3,8		3,8			3,8		
20	3,9	3,6		4,1	3,7		3,7	3,5		3,7	3,5	
22	3,8	3,6		3,9	3,7		3,7	3,4		3,5	3,5	
24	3,7	3,5	3,2	3,4	3,6	3,2	3,3	3,4		2,8	3,4	
26	3,1	3,4	3,1	2,8	3,5	3,2	2,7	3,4	3,1	2,1	3,2	3,2
28	2,5	3,2	3,2	2,2	3,1	3,2	2,1	3	3,1	1,6	2,6	3,1
30	2	2,8	3,2	1,7	2,5	3,1	1,6	2,5	3,1	1	2	2,8
32	1,6	2,3	2,9	1,2	2	2,7	1	2	2,6		1,5	2,3
34	1,1	1,9	2,4		1,6	2,2		1,5	2,1		1	1,8
36		1,4	2		1,2	1,7		1	1,7			1,3
38		1	1,6			1,3			1,3			0,8
40			1,2			0,9						

예시

붐 길이 51,9m, 지브붐 길이 19m, 보조붐 각도 40°, 작업반경 28m인 크레인의 인양능력은?

LTM1400/1 GMK6300   VS   LTM1400-7,1 GMK6300L

3. 양중곡선과 임계하중의 이해

4) 크레인 작업범위도(Radius Diagram)

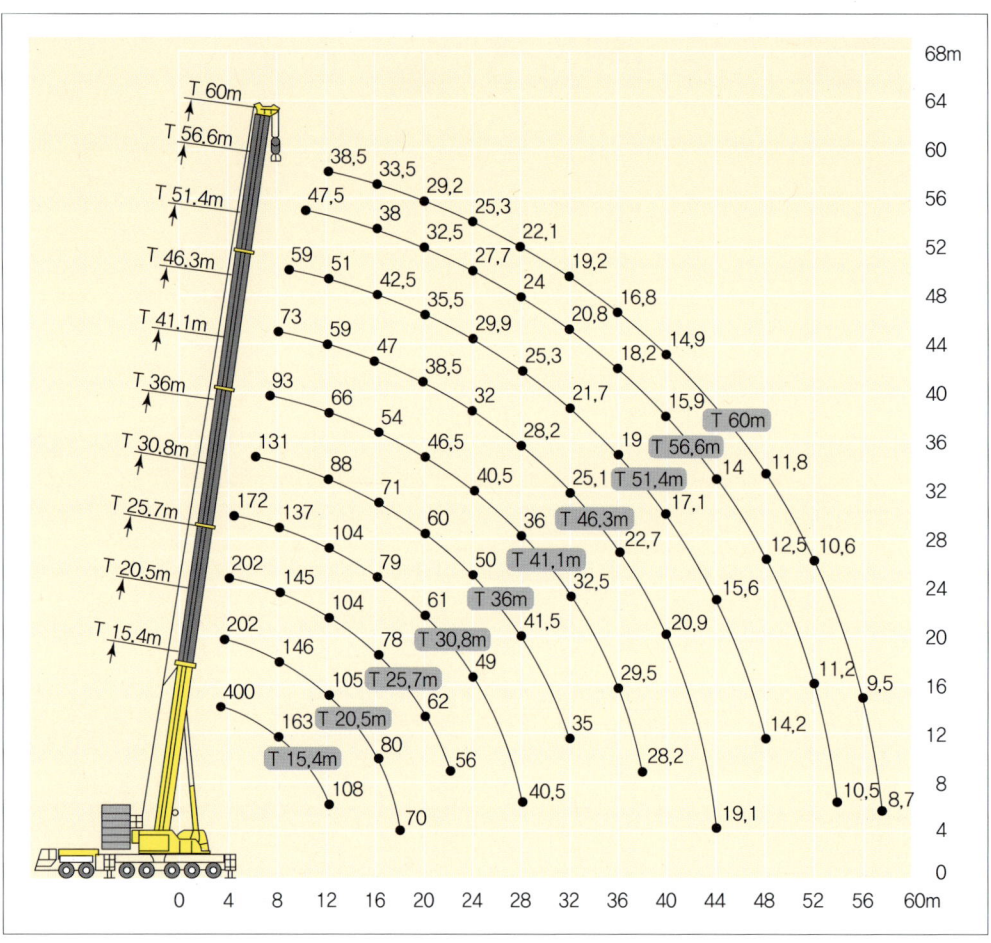

예시
인양높이 40m, 작업반경 24m인 경우 최소 붐 길이는?

4. 양중계획 작성

1) 양중계획(Rigging Plan)

양중계획이란 설치하고자 하는 중량물의 제반 여건을 감안하여 최적의 장비를 선정하여 구체적인 설치방법을 도형화한 것이다.

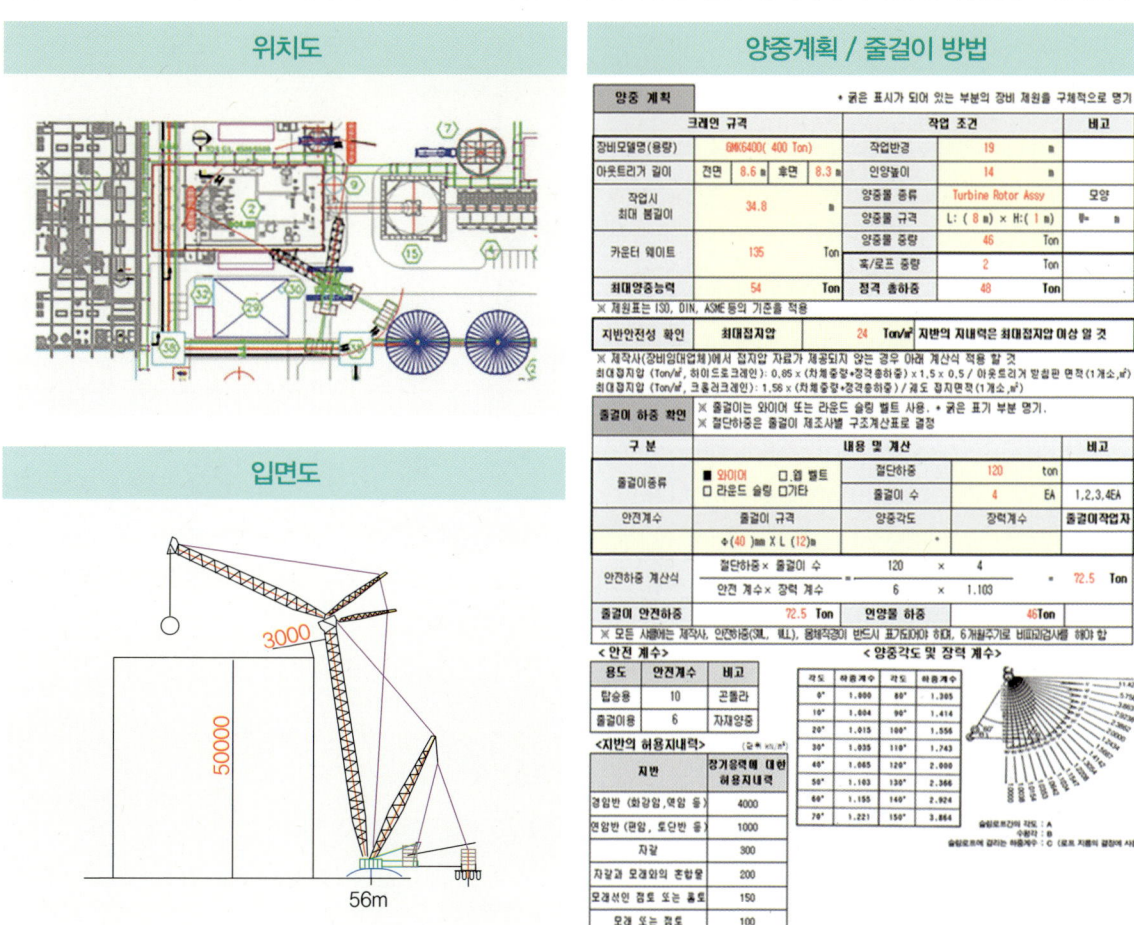

4. 양중계획 작성

2) 크레인 양중계획 검토 순서

4. 양중계획 작성

① 설치하고자 하는 중량물의 정확한 중량, 형상, 사이즈 등을 파악한다.
② 정확한 설치 위치를 파악한다.
  - 설치 높이(Ground or Structure, Other Equipment 등)
  - 계획상 위치(Road에서의 거리) 및 기자재 반입로
③ 여건에 맞는 장비를 선정한다.
  - 계획 일정에 맞춘 수급 가능 여부
  - 크레인 인양능력의 적정 여부
  - 크레인 진출입 및 조립, 해체 장소 확보 여부
④ 사용 장비가 선정되면 도면상(DWG)에 도형화하여 문제점을 검토한다.
  - 작업반경
  - 붐 길이 및 각도
  - 크레인 정격 인양능력
  - 붐 길이 결정 시에는 훅, 슬링 및 중량물의 높이 고려
⑤ 양중제원표를 참조하여 장비를 선정하며, 크레인의 주요 제원을 파악하여 도형화한다. 이때 아래의 사항들도 같이 검토되어야 한다.
  - 크레인 상부 회전체 중심과 붐 힌지(Boom Hinge)까지의 거리(구조물 상단과의 간섭 발생 우려)
  - GL(Ground Level)에서 붐 힌지까지의 거리
  - 붐 스윙 시 후방 카운터 웨이트와 다른 구조물과의 간섭 현상
⑥ 상황에 따라 아래와 같은 사항을 고려하여야 한다.
  - 긴 붐(Long Boom) 사용 작업 시 차량 이동 없이 조립할 수 있도록 장비의 위치를 선정한다.

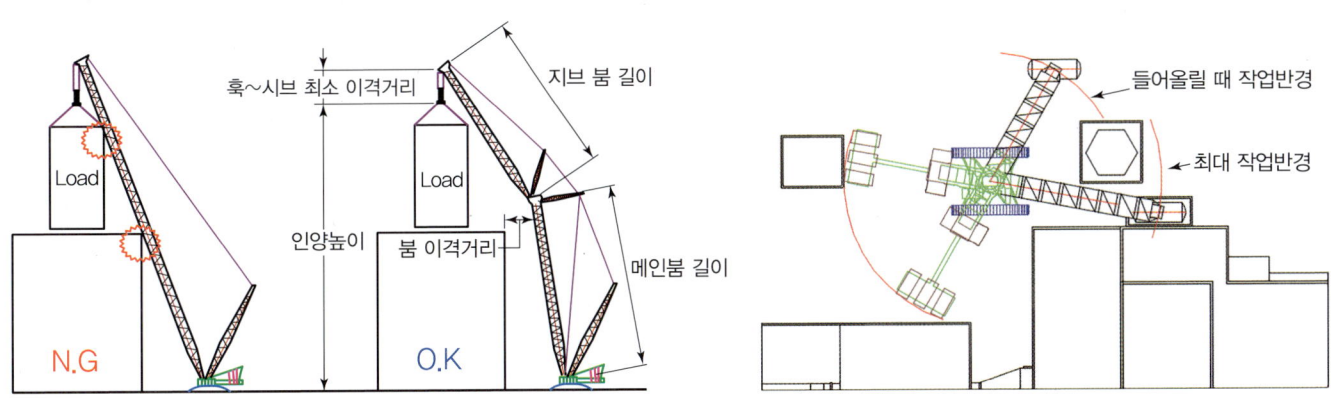

4. 양중계획 작성

3) 인양 총하중

인양 총하중 계산 시 인양물의 중량뿐만 아니라 크레인 훅, 줄걸이 용구 등 부가하중을 고려해야 한다.

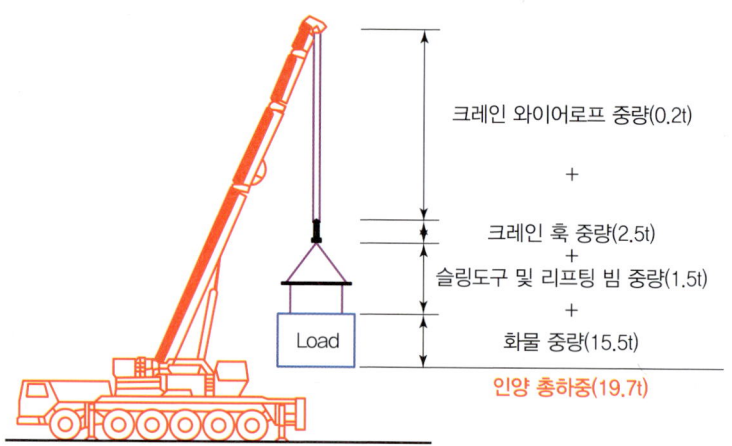
크레인 와이어로프 중량(0.2t)
+
크레인 훅 중량(2.5t)
+
슬링도구 및 리프팅 빔 중량(1.5t)
+
화물 중량(15.5t)
인양 총하중(19.7t)

※ 메인붐에 장착된 보조붐 또는 부가장치가 있는 경우, 인양 총하중에 포함되어야 한다.

5. 이동식 크레인 복합양중

1) 2대 이상의 크레인을 이용하여 중량물을 양중하는 방법

① 크레인 인양능력의 75% 이상을 초과하지 않도록 크레인을 선정해야 한다.
② 중량물의 전체 무게와 무게중심에 의해 각 크레인에 걸리는 무게 배분을 계산하여야 한다.

2) 테일(Tail) 크레인을 이용한 수직 설치

대형 타워나 특수 구조물을 수직으로 설치할 때 보통 메인 크레인과 보조 크레인을 사용한다. 이때 사용하는 보조 크레인을 테일 크레인이라고 한다.

5. 이동식 크레인 복합양중

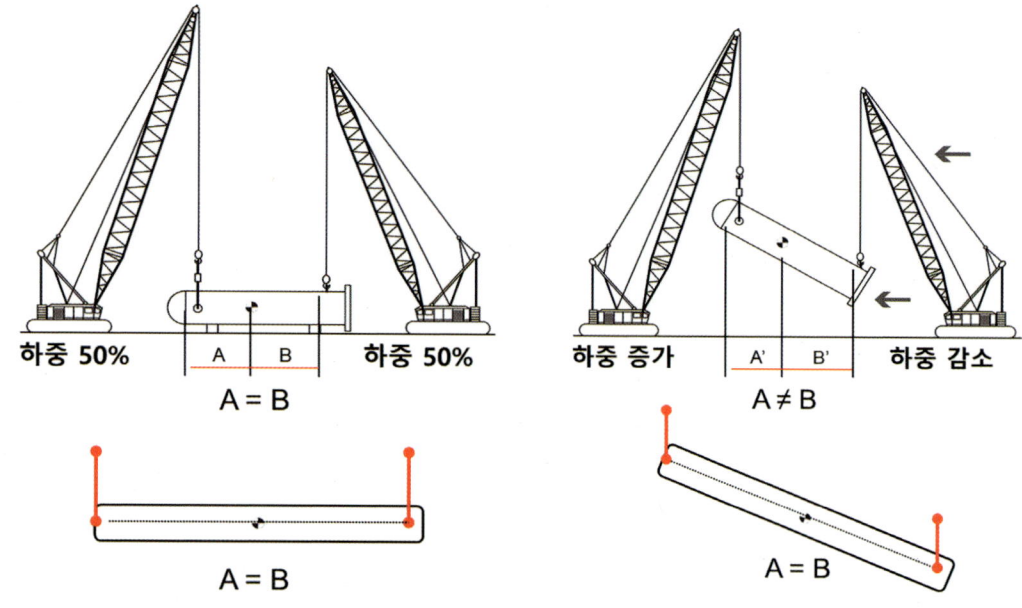

6. 지반 안전성 검토

1) 지반 안전성 검토의 필요성

이동식 크레인 작업 장소의 지내력 부족으로 발생할 수 있는 사고 예방을 위하여, 충분한 지반 조사를 실시하여 적합한 지내력이 확보되었는지 검토하여야 한다. 필요에 따라서는 적절한 지반 보강을 실시하여야 한다.

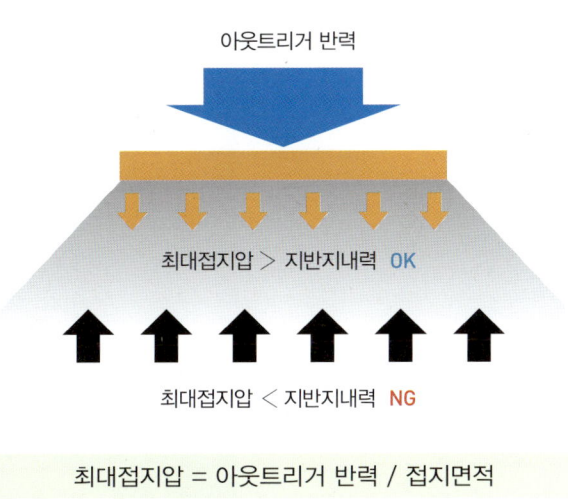

6. 지반 안전성 검토

2) 현장 중점관리 – 아웃트리거 100% 확장 후 작업

설치 시 주의사항

① 아웃트리거 100% 확장 후 설치
  - 설치 후 동선 차량 이동통로 상관없이 세팅(Setting) 시 100% 확장(미준수 시 경고 없이 장비 퇴출)

② 아웃트리거 고임목 설치 철저
  - 지반 침하 유무 확인
  - 받침목은 받침판의 2배 이상
  - 경사, 굴곡부 평탄작업 후 설치

③ 작업공간 확보 철저
  - 장비 4면 라바콘 설치 후 작업

6. 지반 안전성 검토

3) 간단한 비례식을 이용한 산출 방법(Wheel Crane)

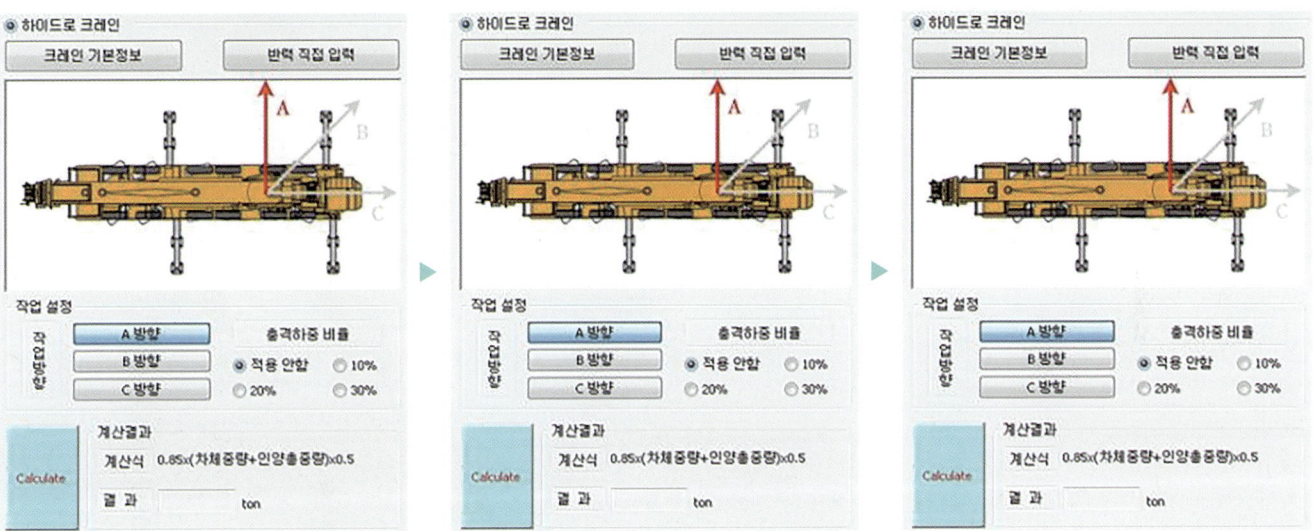

아웃트리거 최대반력(ton) = 0.85 × (차체 중량 + 인양 총중량) × 0.5 × 1.5

7. 이동식 크레인 주요 명칭

❶ 붐
❷ 훅 블록
❸ 권과방지장치
❹ 호이스트 윈치 & 와이어로프
❺ 아웃트리거

7. 이동식 크레인 주요 명칭

❶ 와이어로프
❷ 권과방지장치
❸ 훅 블록
❹ 붐 기복 실린더
❺ 각도게이지
❻ 붐
❼ 작업구간 출입금지 조치
❽ 아웃트리거
❾ 조종실 각 계기판
❿ 스윙기어 및 턴테이블 볼트
⓫ 호이스트 드럼

8. 이동식 크레인 점검 포인트

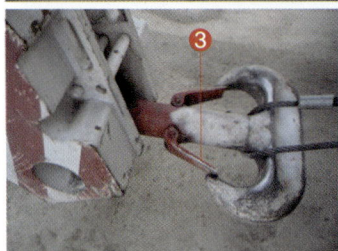

❶ 권과방지장치 설치 및 동작 여부
❷ 와이어로프 상태 및 단말부 이상 유무 점검
❸ 훅 해지장치 부착 및 훅 블록 이상 유무 / 정격하중표식 부착 유무
❹ 아웃트리거 받침목 적정 설치 여부
❺ 주요 구조 연결부 균열 발생 여부 및 체결핀류 체결 상태
❻ 유압장치 및 유압호스, 실린더 이상 유무
❼ 엔진룸 오일 유출 유무
❽ 사이드미러 부착 유무
❾ 호이스트 드럼(와이어로프 확인)
❿ 후진경고음 작동 유무
⓫ 운전원 자격 및 숙련공 여부 확인
⓬ 타이어 마모 상태 및 공기압 확인
⓭ 아웃트리거 작동 이상 유무
⓮ 작업구간 출입금지 조치

8. 이동식 크레인 점검 포인트

1. 사이드미러 부착 유무
2. 운전원 음주 여부 및 상태 확인
3. 스윙기어 이상 유무 육안검사
4. 와이어로프 상태 및 단말부 처리 상태 점검
5. 각부 연결부 균열 발생 여부 및 체결핀류 체결 상태
6. 권과방지장치 설치 및 동작 여부
7. 훅 해지장치 및 훅 블록 이상 유무 / 정격하중표식 부착 유무
8. 유압장치 및 유압호스, 실린더 이상 유무
9. 아웃트리거 설치 시 받침목 상태 및 위치(절개지 높이×2<안쪽)
10. 타이어 마모 상태 및 공기압 확인
11. 아웃트리거 작동 이상 유무

9. 이동식 크레인 주요 부위 및 안전장치 점검

1) 주요 부위별 안전장치 점검

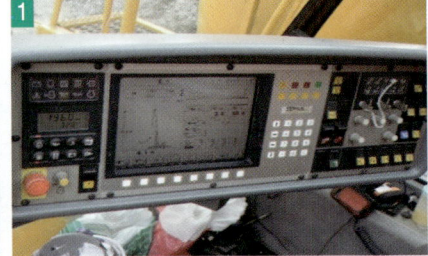

1. 과부하 방지장치 점검
붐 길이별, 각도별 각 인양하중 변위에 따른 Total Moment Limit(인디케이터) 설치, 작동 상태 확인

2. 권과방지장치 설치, 작동 상태 점검
- 직접식 설치 및 작동 상태 확인(제동거리 법상 중추형은 5mm 이내 정지, 간접식 캠형은 25mm 이내 정지)
- 중추걸이 체인, 로프 마모 및 결속 상태 확인

3. 붐 기복장치 작동 상태 점검
- 최대 상승각도 84° 이내 기복 동작 확인
- 전자식 및 기계식 설치 작동 상태 확인

4. 붐 끝단부 풍속계 및 항공장애등 설치 확인

5. 드럼 역회전 방지장치 설치, 작동 상태 점검
수동 작동 시 드럼 역회전 방지장치 작동

9. 이동식 크레인 주요 부위 및 안전장치 점검

6. 아웃트리거 설치 상태 확인
- 수직 단부측 : 5m, 경사 단부측 : 3m
- 설치 후 차체 수평 상태 확인

7. 아웃트리거 유압장치 누유 상태 확인

8. 권상, 선회, 기계장치 확인
- 와이어로프 이탈방지장치 설치, 손상 여부
- 시브 마모, 회전 상태 확인
- 로프 드럼부 난권 발생 확인
- 로프 마모, 킹크, 압착 발생 및 단말처리 확인

9. 실린더 및 유압 유니트부 누유 상태 및 실링 상태 확인

10. 안전장치 확인
권과방지장치, 과부하방지장치, 기복제한장치, 붐 각도계 및 검출기 작동 상태 확인

9. 이동식 크레인 주요 부위 및 안전장치 점검

2) 운전자 안전수칙

점검 항목	안전수칙 기준
① 크레인 정격하중	작업반경 범위 내에서 하중을 준수한다.
② 아웃트리거의 거치	아웃트리거는 반드시 인출시키고 핀을 삽입시킨다.
③ 전방 인양	앞 타이어의 파손 유무를 확인한 후에 인양한다.
④ 지브 붐의 각도	화물을 매달 때 로프의 신장을 고려하여 각도를 조절한다.
⑤ 붐의 일으킴	화물을 양중한 상태로 붐을 일으키는 행위를 금지한다.
⑥ 선회 중 주의	안전을 확인한 후 선회는 천천히 하며, 지반경사가 없는 것을 확인한다.
⑦ 화물을 매단 채 이동	노면의 붕괴, 주행속도 등을 고려하여 천천히 이동한다.
⑧ 전선과 접촉	붐 및 와이어로프는 항상 전선과의 접촉 및 감전에 주의한다.
⑨ 강풍 시 작업	강풍 시에는 붐에 과도압력이 걸리므로 작업을 금지한다.

3) 신호수 안전수칙

안전수칙 사항
① 신호는 간결, 단순, 명확해야 하고 상호 확인을 해야 한다.
② 신호자는 위험에 노출되지 않고 타워 동작을 항상 주목할 수 있는 위치에서 신호하여야 한다.
③ 신호에만 전담하고 해당 지역 작업자의 안전을 최대한 고려하여야 한다(신호와 작업 동시 행동 금지).
④ 양중 시 양중물의 무게중심이 정확한 수평이 유지되도록 한다.
⑤ 낱개의 양중물을 동시 양중 시 철사 등 기타 결속도구로 견고히 결속하여 양중물이 낙하되지 않도록 한다.
⑥ 사용 전 반드시 줄걸이 용구 이상 유무를 점검한 후에 작업에 임한다(로프, 슬링벨트, 샤클, 하카 등 모든 용구는 관리 지침에 의거하여 관리한다).
⑦ 신호수는 규정된 복장을 착용하고 소정의 교육을 거친 자를 지정된 신호수로 선정한다.

10. 이동식 크레인 점검 방법

1) 중점 점검사항

① 자재 중량 및 작업 높이를 확인한다.
② 자재 중량 및 작업 높이에 맞는 장비를 결정한다.
③ 작업 전 지반 상태, 권과방지장치 부착 및 작동 여부, 와이어 상태, 트랙핀 연결 상태, 기복제한장치, 훅 이탈방지장치 등의 상태를 확인한다.
④ 작업 전 장비 점검을 하여 이상 결함 여부를 확인한다.

2) 와이어로프 손상 점검

(1) 와이어로프 교체 기준

① 와이어로프의 한 꼬임[스트랜드(Strand)]에서 끊어진 소선의 수가 10% 이상인 경우 교체해야 한다(비자전로프의 경우에는 끊어진 소선의 수가 와이어로프 호칭지름의 6배 길이 이내에서 4개 이상이거나 호칭지름 30배 길이 이내에서 8개 이상인 것).
- 단선의 형태는 분산단선, 집중단선, 스트랜드 골 사이 단선 등의 형태로 발생하며, 집중단선의 경우 소선 총수의 5% 이상 시, 골 사이 단선의 경우 즉시 교체해야 한다.

② 지름의 감소가 공칭지름의 7%를 초과하는 것

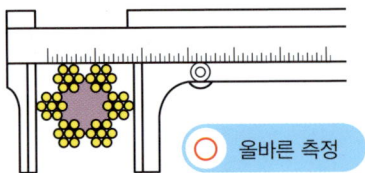
○ 올바른 측정

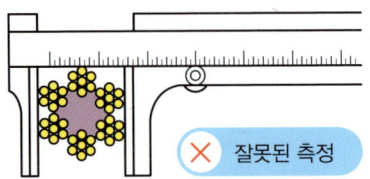
✕ 잘못된 측정

③ 꼬이거나 심하게 변형된 것

마모	부식	외측 부분 단선	스트랜드 사이의 단선
소선의 이탈	압착	심강의 불거짐	플러스 킹크
스트랜드 함몰	스트랜드 이탈	마이너스 킹크	부풀림

10. 이동식 크레인 점검 방법

(2) 와이어로프 종류

1. 일반연 로프
- 제품용도 : 슬링(Sling)용, 묶음(Lashing)용
- 제품설명 : 스트랜드 내의 각층의 소선이 꼬임 핏치가 서로 달라 소선의 접촉이 점 형태로 제조된 로프

2. 충진형 로프
- 제품용도 : 정박(Mooring)용, 도킹용, 닻줄용
- 제품설명 : 스트랜드와 철심(Core) 사이에 플라스틱 재료를 충진시켜 스트랜드 소선과 철심 소선 사이의 마찰을 줄인 로프

3. 비자전 로프(다층연 로프)
- 제품용도 : 크레인(고양정)용, 송전가설 리드용
- 제품설명 : 로프에 하중이 가해지면 풀리는 방향으로 회전하려는 성질(자전성)을 가지는데 로프의 자전성을 최소화시킨 로프

4. 평행연 로프
- 제품용도 : 크레인용, 정박용, 예인용, 어업용
- 제품설명 : 층별 꼬임 피치가 동일하며, 각 층별 소선이 골 사이사이 평행하게 꼬여 있어 선 접촉 형태로 제조된 로프

5. 면접촉 로프
- 제품용도 : 크레인용, 수산용, 토건용, 광산용, 해양구조지지용, 일반기계용
- 제품설명 : 스트랜드의 외측 소선과 내측 소선의 접촉 면적이 넓게 면 접촉 형태로 제조된 로프

6. 에어크래프트 케이블(Aircraft Cable)
- 제품용도 : 교량용(현수교용), 요트용
- 제품설명 : 구조물 지지 및 연결용으로 사용되는 로프로서 교량용(현수교, 현수천장, 스테이 등)에 적합한 로프

10. 이동식 크레인 점검 방법

7. 스웨지드(Swaged) 로프
- 제품용도 : 임업용(Logging), 지지용
- 제품설명 : 완성된 로프의 표면을 스웨이징 설비로 평탄하게 가공하여 로프의 단면적을 간소시켜 내마모성을 높인 로프

8. 엘리베이터 로프
- 제품용도 : 엘리베이터용
- 제품설명 : 로프경이 균일하고 그리스(Grease) 저장능력이 우수하며 프리텐션 작업으로 구조적 신율을 제거하고 탄성계수를 높인 로프

9. P.V.C 코티드 케이블(P.V.C Coated Cable)
- 제품용도 : 지지용, 가이드용, 연마기용, 의료기기용, 스크레파용
- 제품설명 : 와이어로프에 PVC를 코팅 처리하여 외부 노출에 따른 내식성을 높인 로프

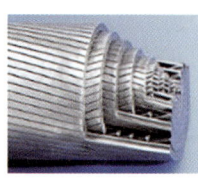

10. 특수 와이어로프
- 제품용도 : 크레인용
- 제품설명 : MAKER-CARSAR WIRE ROPE-Teufelberger WIRE ROPE

「산업안전보건기준에 관한 규칙」 제63조(달비계의 구조)
① 사업주는 곤돌라형 달비계를 설치하는 경우에는 다음 각 호의 사항을 준수해야 한다.
1. 다음 각 목의 어느 하나에 해당하는 와이어로프를 달비계에 사용해서는 아니 된다.
   가. 이음매가 있는 것
   나. 와이어로프의 한 꼬임[스트랜드(Strand)를 말한다. 이하 같다]에서 끊어진 소선(素線)[필러(Pillar)선은 제외한다]의 수가 10% 이상(비자전로프의 경우에는 끊어진 소선의 수가 와이어로프 호칭지름의 6배 길이 이내에서 4개 이상이거나 호칭지름 30배 길이 이내에서 8개 이상)인 것
   다. 지름의 감소가 공칭지름의 7%를 초과하는 것
   라. 꼬인 것
   마. 심하게 변형되거나 부식된 것
   바. 열과 전기충격에 의해 손상된 것

10. 이동식 크레인 점검 방법

(3) 와이어로프 구성

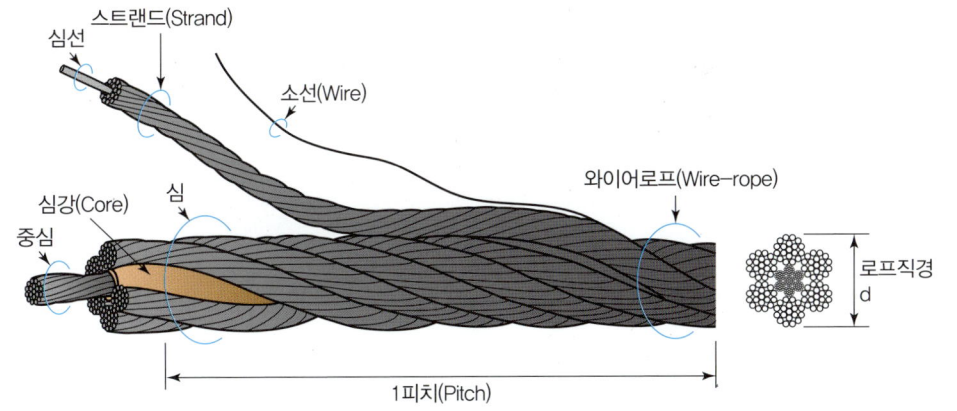

구성기호	6×24	6×37	6×Fi(29)
단면도			
특징	유연성이 좋아 다루기 쉬워 많이 사용된다.	6×24에서 파단 강도가 부족한 경우에 사용된다.	높은 파단 하중이 필요한 경우에 사용된다.

11. 이동식 크레인 점검 불량 발생 사례

1) 안전장치 설치 상태

작업 시 주의사항

① 권과방지장치 미설치
  - 미설치, 탈락, 부동작으로 기능 상실 상태 및 미조치 상태에서 작업 진행
  - 권과방지기 중추 미설치

② 과부하방지장치 기능 상실
  - 작업 하중 감지 불능(인디케이터 미설치 및 부동작)

③ 작업 전 일일 점검 철저

11. 이동식 크레인 점검 불량 발생 사례

2) 권과방지장치 설치, 작동 상태 점검

설치 후 확인사항

① 직접식 설치 및 작동 상태 확인
  - 중추형은 제동거리법상 50mm 이내 정지
  - 간접식 캠형은 제동거리법상 250mm 이내 정지

② 중추 걸이 체인, 로프 마모 상태, 결속 상태 확인

11. 이동식 크레인 점검 불량 발생 사례

3) 와이어 상태 불량

작업 시 주의사항

① 소선 단선 발생
- 장기 사용으로 인한 마모 및 소선 단선 발생 과다
- 작업 중 불량작업으로 인한 국부적 단선 발생(드럼부 감김 불량 등)

② 단말 체결 상태 불량
- 소켓 체결방법 불량(와이어와 훅 수직도 불량)
- 단말 클립 체결방법 불량

11. 이동식 크레인 점검 불량 발생 사례

4) 와이어 폐기 기준(소선의 절단, 변형의 이상 유무)

점검 시 기준사항

① 지름의 감소
- 공칭경 직경의 7% 이상 마모

② 소선의 단선 상태
- 소선수의 10% 이상 단선(와이어로프 한 꼬임 – 스트랜드)
- 비자전로프 경우 : 호칭지름 6배 이상 길이에서 4개 이상 단선 발생(호칭지름 30배 길이에서 8개 단선)

③ 이음매가 있거나 꼬임이 발생

④ 변형되거나 부식된 것

⑤ 열과 전기 충격으로 손상된 것

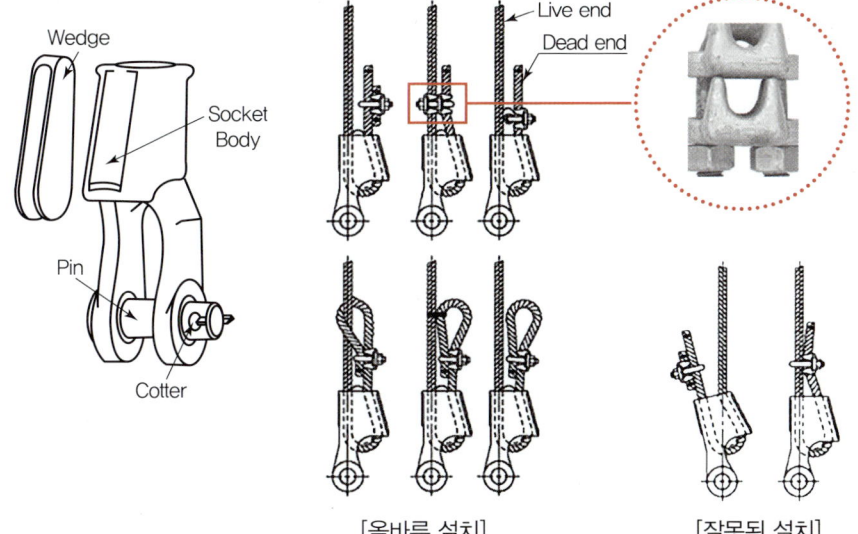

[올바른 설치]　　　[잘못된 설치]

11. 이동식 크레인 점검 불량 발생 사례

5) 안전장치 해제 스위치

설치 후 확인사항
① 키(Key) 방식은 세팅 후 안전관리자 또는 현장 안전반장이 보유(작업 종료 후 장비 이동 시나 반출 시에 운전자에게 인수)
② 버튼식 해제 스위치는 장비 세팅 후 임의 조작 방지 안전테이프로 봉인, 작업 종료 시 안전관리자 확인

11. 이동식 크레인 점검 불량 발생 사례

6) 훅 불량

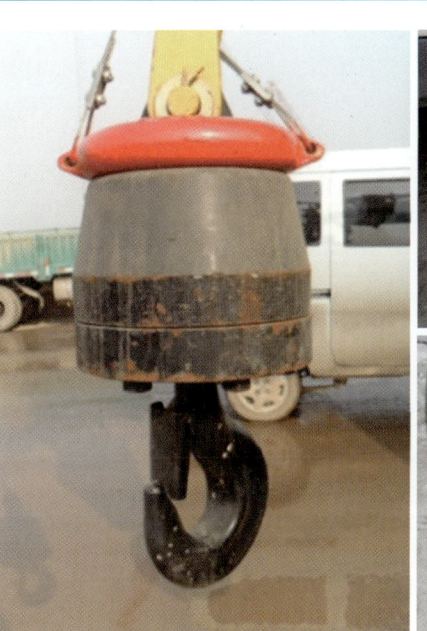
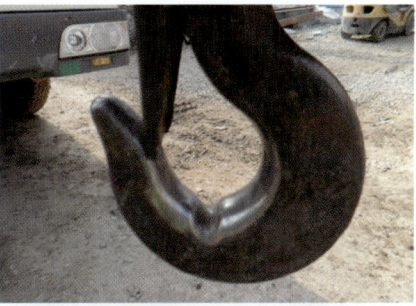
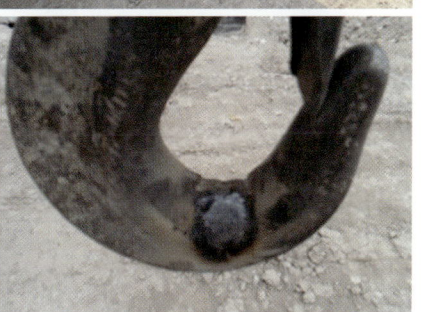

작업 시 주의사항

① 마우스 로프(Mouse Rope) 형상 국부 마모
- 장기 사용으로 인한 마모 및 재질 불량으로 급속한 마모
- 작업 중 충격 발생 시 노치(Notch) 현상에 응력 집중으로 절단 위험(양중물 추락 위험)

② 해지장치 기능 상실
- 줄걸이 와이어 이탈방지 기능 상실(와이어 이탈 시 양중물 낙하)
- 훅 블록(Hook Block) 부분 손상

11. 이동식 크레인 점검 불량 발생 사례

7) 권과방지장치 설치 및 작동 여부

작업 시 주의사항

① 안전장치 임의해체 후 작업 금지
 • 작업공간 협소로 권과방지장치 해체 후 작업 적발 시 경위서 제출
② 이동식 크레인 및 각 층 입고장비 주·보조 훅 동시 장착 금지
 • 보조훅 작업 시 메인훅 해체 또는 보조 로프와 꼬임방지장치 설치
③ 작업 전 일일 점검 및 점검표 작성
④ 작업 시 보조 기사 근접, 청소 금지
⑤ 신호수와 신호전용채널, 무전기 확보 후 작업 진행

11. 이동식 크레인 점검 불량 발생 사례

8) 아웃트리거 설치 불량 1

작업 시 주의사항

① 100% 확장 전개 불량 설치
  - 이동동선 및 통로 보류 상관없이 설치 상태 100% 전개
  - 단부 측 제한 이격거리 미준수(경사부, 수직부 근접 설치)

② 받침목 설치 규정 미준수
  - 침하, 압축, 파손이 발생되지 않는 레일목 설치와 받침판 2배 넓이(매트타설부 제외 없음)
  - 실린더부 유압유 누유 발생

11. 이동식 크레인 점검 불량 발생 사례

9) 아웃트리거 설치 불량 2

설치 후 확인 사항

① 받침목 설치 규정 미준수
- 침하, 압축, 파손이 발생되지 않는 레일목 설치와 받침판 2배 넓이(매트타설부 제외 없음)

② 설치 후 작업 시 근접 굴착작업 또는 받침목 미보유로 현장 임시 자재 이용 받침목 사용 근절

12. 이동식 크레인 사고 사례

1) 해상 크레인 사고

사고 원인
① 장비 제원 초과 작업으로 메인 붐(Main Boom) 절단
  • 장비 제원 : 250ton / 20ton
  • 작업 중량 : 80ton
② 표준작업 미준수

사고 대책
① 제원에 의한 정격하중 작업
② 장비의 용도 외 사용 금지

12. 이동식 크레인 사고 사례

2) 크롤러 크레인 사고

사고 원인

① 돌풍으로 인한 붐(Boom) 전도
  - 장비 제원 : 320ton 크롤러
  - 전도 시 순간 풍속 : 최대 32m/sec(기상청 기준)

② 정지작업 지침 미준수

사고 대책

① 작업 종료 후 붐 지상 안착
② 매뉴얼상 표준작업 이행

12. 이동식 크레인 사고 사례

3) 카고 크레인 사고

사고 원인
① 아웃트리거 미확장
- 장비 제원 : 16ton 카고
- 전면 작업 방향 아웃트리거 미확장으로 붐 인출
② 정지작업 지침 미준수

사고 대책
① 표준작업 준수
② 현장 규정 준수

항타기(천공기)
PILE DRIVER

1. 항타기 주요 명칭
2. 항타기 점검 포인트
3. 항타기 점검 방법
4. 항타기 부적합 사항
5. 항타기 사고 사례

1. 항타기 주요 명칭

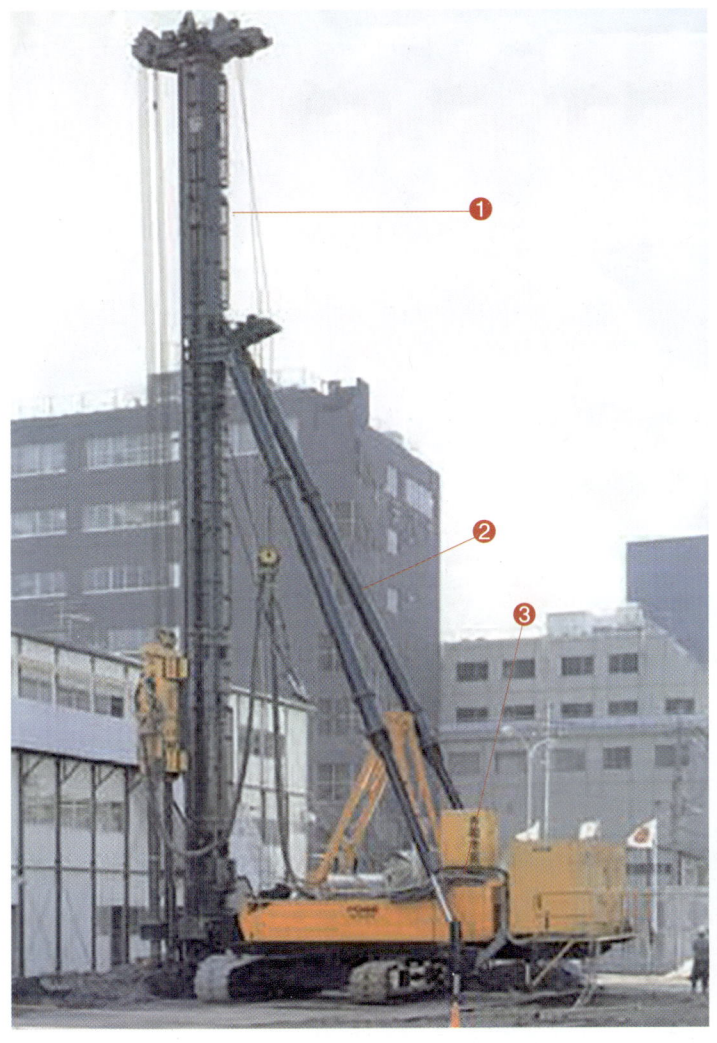

❶ 리더(제원 준수)　❷ 백스테이　❸ 실린더　❹ 오거 머신　❺ 톱시브　❻ 발전기 & 파워팩

2. 항타기 점검 포인트

❶ 붐 체결 상태 및 크랙 발생 여부
❷ 미들시브 및 타이바 상태 점검
❸ 와이어로프 및 단말부 처리 상태, 갠트리 시브 상태 점검
❹ 역회전 방지용 브레이크 작동 이상 유무
❺ 주행 프레임 및 트랙 상태 확인
❻ 붐 백스토퍼 설치 및 상태 확인
❼ 톱시브 상태 및 로프 이탈방지장치 이상 유무
❽ 리더 및 각 용접부 크랙 발생 여부 확인
❾ 해머 가이드 레일 직진도 및 상태 확인
❿ 리더 간 체결볼트 상태 확인
⓫ 유압 호스 및 전선 상태 이상 유무
⓬ 해머 외관 크랙 발생 여부 및 유압장치 이상 유무
⓭ 스트랩부 체결 상태 및 크랙 발생 여부 확인

3. 항타기 점검 방법

1) 당사 관리자용 안전점검표

점검 부위	중요 점검 사항	상태	비고
리더 및 보조리더	① 리더의 조립 및 수직도 상태(제원에 따른 리더 장착 길이 확인) ② 리더의 균열, 손상, 부식, 변형 유무 ③ 볼트, 너트 풀림 등 확인(볼트 여장 길이 확인 – 3산 이상)		
리더 헤드	① 파손, 균열 등의 변형 유무 및 시브(와이어로프 이탈방지 조치) 상태 ② 리더 사다리부 수직생명줄 설치 유무		
오거	① 상하부 오거 체결볼트 고정 상태 점검(볼트 여장 3산 이상) ② 오거 체결부 마모 상태 확인		
권과방지장치	권과방지장치의 설치 및 작동 유무		
와이어로프	① 소선의 절단, 변형, 킹크 등의 이상 유무 ② 와이어로프 웨지 단말처리 상태 점검		
백스테이	백스테이 조립 상태 및 변형 유무		
시브	파손, 균열 등의 변형 유무 및 시브(이탈방지장치) 상태		
권상드럼	① 역회전방지장치 작동 상태 점검 ② 권상드럼 와이어로프 유효 권선수 3바퀴 이상 감김 상태 확인 ③ 권상드럼 브레이크 디스크 상태 점검(균열, 마모 상태 등)		

3. 항타기 점검 방법

2) 리더(Leader) 및 보조리더

(1) 리더의 조립 및 수직도 상태(장비 제원에 따른 리더 장착)

리더 제원 초과 설치 금지 / 제원표

문제점
리더 제원 초과로 전도사고 위험 내재(5.4m 초과)

개선안(원인)
현장 작업 여건에 적합한 장비 선정

관련 근거
「산업안전보건기준에 관한 규칙」 제38조제1항 별표4, 제203조 준수
: 전락, 지반의 붕괴 등으로 인한 근로자 위험 방지 등 안전도 준수

(2) 리더의 균열, 손상, 부식, 변형 유무

리더 연결 플랜지 리브 용접 균열

용접부 20mm 이상 균열

문제점
리더 연결 플랜지 리브 용접부 균열

개선안(원인)
제원 초과로 하중 발생과 현장 임시 용접으로 재발생

중점 관리사항
리더 조립 상태 확인 등 사용 전 점검 철저

3. 항타기 점검 방법

(3) 볼트, 너트 풀림 등 확인

리더 조립볼트

체결볼트 길이 부족

문제점
리더 및 가이드 볼트 망실 및 나사산 부족

개선안(원인)
리더 조립볼트 일부 미설치 및 망실 등 리더 조립 불량으로 파단사고 위험

중점 관리사항
리더 조립 상태 확인 등 사용 전 점검 철저(조립볼트 및 너트 체결, 수직도)

3) 리더 헤드(Leader Head)

(1) 파손, 균열 등의 변형 유무 및 시브 상태(와이어 이탈방지장치)

리더 헤드

시브 플랜지 마모

문제점
리더 헤드 각 시브 플랜지 마모

개선안(원인)
설치 후 장기 사용이나 시브 회전 불량으로 플랜지 마모

중점 관리사항
시브 마모 상태 확인, 편마모 발생 시 사용 금지(플랜지 마모로 변형 발생 시 로프 탈락, 절단으로 재해요인)

3. 항타기 점검 방법

(2) 리더 사다리부 수직생명줄 설치 유무

리더 볼트 체결 상태 확인

수직생명줄 미설치

문제점
리더 수직 사다리부 수직생명줄 및 추락방지대 미설치

개선안(원인)
리더 지상 조립 시 사다리 건전성과 수직생명줄 설치 필수요건

중점 관리사항
사다리부 손상은 작업 중 상부 점검 시 점검자 이동통로의 건전성을 확보하고 수직생명줄, 추락방지장치(코브라) 설치 또한 확인한다.

4) 오거(Auger)

(1) 상하부 오거 체결볼트 고정 상태 점검
(2) 오거 체결부 마모 상태 확인

상부 오거

하부 오거

문제점
오거 체결볼트 및 체결 상태 확인

개선안(원인)
시브 회전 및 핀부의 건전성 확인

중점 관리사항
핀홀 과다 마모로 러그부 균열, 파단 시 오거의 낙하로 재해 위험 상존

3. 항타기 점검 방법

5) 권과방지장치

(1) 설치 및 작동 상태 확인

리더 권과방지장치 미설치

정상 설치 사례

문제점
리더 권과방지장치 미설치로 오거 M/C 낙하 우려

개선안(원인)
장비 반입 및 사용 전 점검 철저

관련 근거
「산업안전보건기준에 관한 규칙」 제134조
: 양중기는 과부하, 권과방지장치 등 정상 작동 토록 조정해 놓을 것

6) 와이어로프

(1) 소선의 단선, 변형, 킹크 등의 이상 유무

와이어로프 소선 단선

정상 상태

문제점
강관파일 양중용 보조 호이스트 와이어로프(Hoist Wire-rope) 소선 단선 및 손상 과다

위험 요인
로프 파단에 따른 양중물 낙하사고 위험 내재

중점 관리사항
① 손상된 와이어로프 사용 금지
② 호이스트 와이어로프 등 사용 전 점검 철저

3. 항타기 점검 방법

(2) 와이어로프 웨지 단말 처리 상태 점검

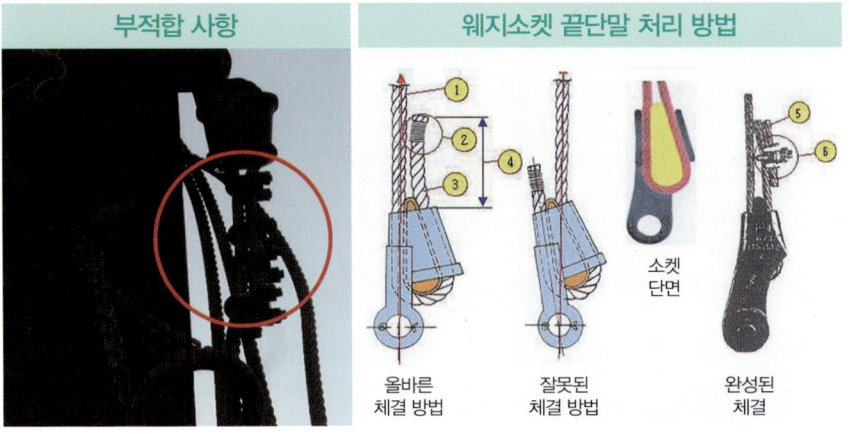

문제점
웨지(Wedge) 단말 처리 규정 미준수

위험 요인
달기구 결속력 저하 및 웨지 손상에 달기구 추락 위험

중점 관리사항
현장 사용 편리함이 아니라 규정 준수로 안전 작업 확보

7) 백스테이

(1) 조립 상태 및 변형 유무

점검 포인트
체결부 볼트 상태 및 실린더 유압 누유 상태

위험 요인
본체부와의 조립 상태 및 상부핀 체결 상태

중점 관리사항
상부핀 이탈이나 하부 체결볼트 이상 발생 시 지지력 저하로 장비 전도

3. 항타기 점검 방법

8) 시브(Sheave)

(1) 파손, 균열, 등의 변형 유무 및 시브 상태(로프 이탈방지장치)

시브 플랜지 마모

시브 부싱 베어링 마모

점검 포인트
시브 플랜지 및 홈, 부싱 마모 상태 확인

위험 요인
시브 손상으로 와이어 이상 마모에 절단 시 안전사고 위험 상존

중점 관리사항
가이드, 방향 전환, 하중 전달 등 각종 시브 마모를 확인하고 회전 상태와 체결부 핀 등이 견고한 체결로 고정되었는지 확인한다.

9) 권상드럼

(1) 역회전방지장치 작동 상태 점검

와이어드럼 역회전방지장치

고착으로 부동작 상태

점검 포인트
고착 및 케이블 손상 등으로 정상 작동 유무

위험 요인
드럼록(Lock) 장치 기능 저하 및 상실로 인하여 재해 발생 요인

중점 관리사항
수동 조작으로 정상 작동되는지, 자동 풀림이 되지 않는지를 확인한다.

3. 항타기 점검 방법

(2) 권상드럼 와이어로프 유효 감김수 3바퀴 이상 확인
(3) 권상드럼 브레이크 디스크 상태 점검(균열, 마모 상태 등)

드럼 난권 발생 확인

브레이크 라이닝 및 디스크 마모 확인

점검 포인트
난권감김 및 여유감김 확인, 브레이크 드럼 마모 상태 확인

위험 요인
최소감김 3바퀴 감김과 브레이크 드럼 마모 원 치수 10% 이내 유지

중점 관리사항
과다 풀림 시 단말처리부 하중 부족으로 와이어 고정부 이탈 위험과 드럼 과다 마모 시 제동력에 손상 발생 위험에 주의한다.

10) 항타기 기타 관리사항

장비 전도방지용 철판 미사용

전도방지용 철판 30mm 이상 설치

문제점
전도방지용 철판 미사용으로 이동 및 작업 시 전도사고 우려

개선안(원인)
건설기계 작업계획서 수립 및 이행 철저

관련 근거
「산업안전보건기준에 관한 규칙」 제209조 준수(도괴의 방지)
: 동력을 사용하는 항타, 항발기는 도괴 방지 조치를 하여야 한다.

4. 항타기 부적합 사항

문제점
트랙 폭 미확장(작업 시는 3,500mm로 확장)

위험 요인
트랙 폭 미확장으로 전도사고 위험 내재

중점 관리사항
① 트랙 미확장에 의한 프레임 노출 여부 및 트랙 확장 확인
② 장비 제원 파악 철저

5. 항타기 사고 사례

1) 사고 사례 1

재해 개요
오거를 해체하기 위해 지면에 내려놓은 하부 오거(케이싱 연결장치) 해체 작업 중 약 2m 높이에서 불시에 낙하한 상부오거(약 5ton)에 맞아 사망한 재해

안전 대책
① 조립, 해체 시 작업 방법 및 절차 준수
② 역회전방지용 브레이크 등 안전장치 제동 상태 확인 철저

※ 출처 : 한국산업안전보건공단

5. 항타기 사고 사례

2) 사고 사례 2

재해 상황도

※ 출처 : 한국산업안전보건공단

재해 개요

항타기의 드럼에 꼬여 있는 와이어로프 정비 작업 후 이동 중 빠르게 풀리는 와이어로프와 시브 사이에 협착되어 사망한 재해

안전 대책

① 건설기계 수리 및 정비작업 시 불시 작동에 의한 재해를 예방할 수 있도록 기계의 운전을 정지하고 기동장치를 잠그는 조치를 취한다.
② 작동 시 근로자의 접촉(접근)에 의한 재해 위험 개소는 덮개를 설치한다.

5. 항타기 사고 사례

3) 사고 사례 3

※ 출처 : 한국산업안전보건공단

재해 개요

항타를 위해 가설도로로 이동 중 장마철 강우 등으로 연약화가 진행된 지반이 침하되면서 전도 중 인근 이동식 크레인과 충돌하고 넘어진 이동식 크레인 붐이 다시 근접 항타기 1호기와 연쇄 충돌하면서 굴착기를 덮쳐 굴착기 운전원이 운전석에서 협착한 사고

안전 대책

지반 상태, 운행 경로 등 작업방법에 관한 계획 작성 후 작업 시 준수하도록 한다.

지게차
FORK LIFT

1. 지게차 점검 포인트
2. 지게차 작업의 핵심 위험 요인
3. 지게차 안전장치 점검
4. 지게차 기타 장치 점검
5. 현장별 규정 사항
6. 지게차 사고 사례
7. 지게차 개정 법규

1. 지게차 점검 포인트

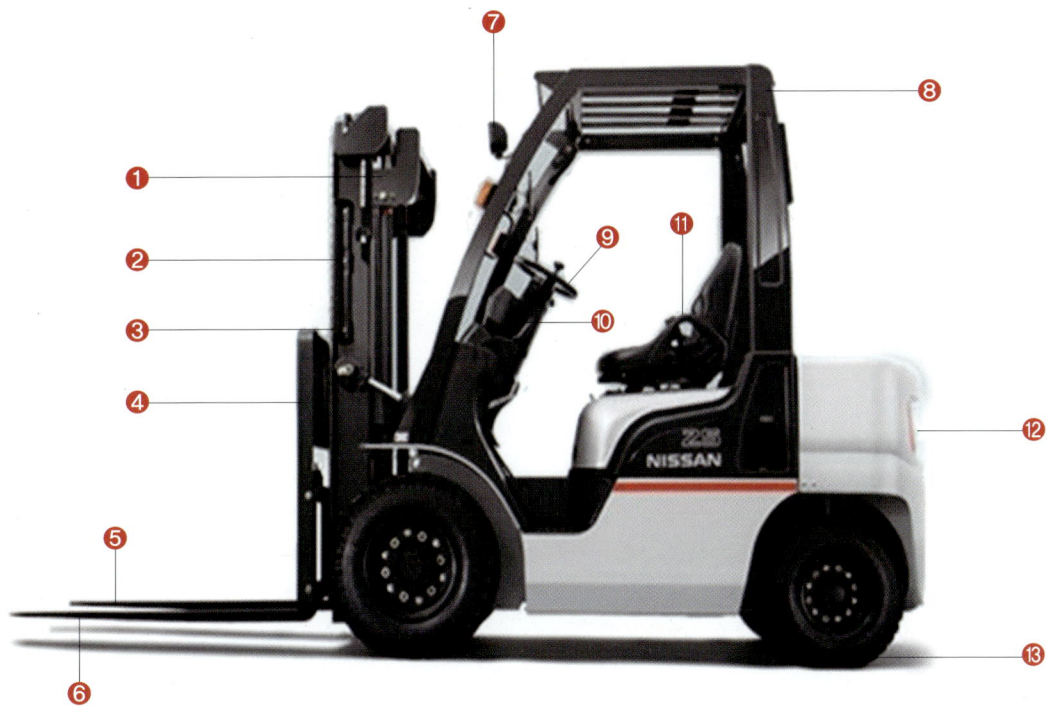

① 각부 연결부 균열 발생 여부 및 체결핀류 체결 상태
② 체인 상태 및 연결부 체결 상태 확인
③ 유압장치 및 유압호스, 실린더 이상 유무
④ 백레스트 설치 여부 및 크랙 발생 여부
⑤ 작업 시 허용하중 초과 여부 확인 및 주용도 외 사용금지
⑥ 장비점검 및 수리 시 안전 블록 사용 여부 확인
⑦ 전조등 이상 유무 확인
⑧ 헤드가드 설치 여부(최대하중의 2배 유지 강도)
⑨ 제동장치 및 방향지시기 작동 여부 확인
⑩ 제한속도 지정 준수 여부 확인
⑪ 승차석 외 탑승금지 여부 확인
⑫ 후미등, 후진 경고음 작동 여부 확인
⑬ 타이어 마모 상태 및 공기압 볼트 확인

2. 지게차 작업의 핵심 위험 요인

❶ 적재물의 낙하에 의한 위험   ❷ 지게차 주행 중 충돌에 의한 위험   ❸ 주행 중 전복으로 인한 운전자 이탈 시 압착 위험

3. 지게차 안전장치 점검

1) 후방 카메라 및 접근 경보장치

후방카메라
후면에 근로자 등이 접근하면 감지장치의 센서가 감지하여 경보음 또는 경광등이 점등되도록 설치

접근 경보장치
지게차와 접근 물체와의 거리를 숫자로 표시

「산업안전보건기준에 관한 규칙」 제179조(전조등 등의 설치)
① 사업주는 전조등과 후미등을 갖추지 아니한 지게차를 사용해서는 아니 된다. 다만, 작업을 안전하게 수행하기 위하여 필요한 조명이 확보되어 있는 장소에서 사용하는 경우에는 그러하지 아니하다. 〈개정 2019. 1. 31., 2019. 12. 26.〉
② 사업주는 지게차 작업 중 근로자와 충돌할 위험이 있는 경우에는 지게차에 후진경보기와 경광등을 설치하거나 후방감지기를 설치하는 등 후방을 확인할 수 있는 조치를 해야 한다. 〈신설 2019. 12. 26.〉

3. 지게차 안전장치 점검

2) 주행연동 안전벨트

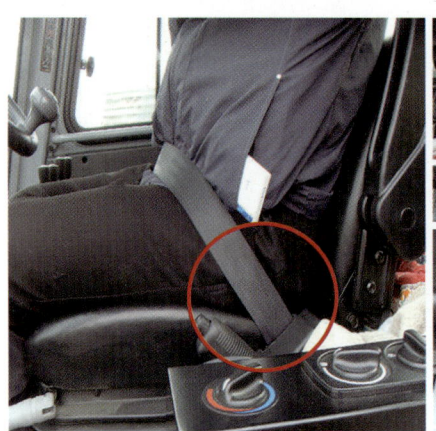
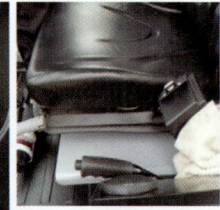

[사이드 브레이크 제동 후 운전석 이석]

주행연동 안전벨트
지게차의 전·후진 레버에 안전벨트를 연결하여 안전벨트 착용 시에만 전·후진을 할 수 있도록 인터록 시스템을 구축
: 전도, 충돌 시 운전자가 운전석에서 튕겨져 나가는 것을 방지

사이드 브레이크
브레이크 해체 후 운전석 이석 시 경보 발생

「산업안전보건기준에 관한 규칙」 제183조(좌석 안전띠의 착용 등)
① 사업주는 앉아서 조작하는 방식의 지게차를 운전하는 근로자에게 좌석 안전띠를 착용하도록 하여야 한다.
② 제1항에 따른 지게차를 운전하는 근로자는 좌석 안전띠를 착용하여야 한다.

4. 지게차 기타 장치 점검

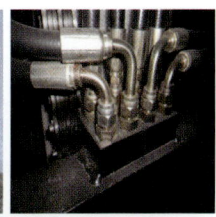

기타 장치 점검

① 어테치먼트 상태
② 포크 상·하 전동체인 가이드 롤러 상태
③ 포크 덧신 장착 후 록(Lock) 상태
④ 전동 포크 실린더 누유 및 설치 상태
⑤ 운전실 클러치, 브레이크 등 각종 레버 작동 상태
⑥ 유압 유니트 및 각 호스 연결 상태

※ 누유 및 작동이 원활할 것

(1) 틸팅 실린더 마스트 – 변형, 기름 누출은 되지 않았는가?

유압 컨트롤 유니트

유압호스 외피 손상

문제점
실린더 고정 상태 및 누유 상태 확인

개선안(원인)
유압장치 및 유압호스 손상 여부 확인

관리 포인트
정격하중 양중 후 틸팅 작동 상태와 작동 시 누유 여부 확인 및 마스트 상·하 작동 여부 확인

4. 지게차 기타 장치 점검

(2) 웨이트 - 고정 상태는 안정적이며 추가 웨이트는 설치되지 않았는가?

정격하중 제원 확인

불법 웨이트 설치

문제점
정격웨이트 외 추가하중 적재 금지

개선안(원인)
양중 제원에 적정한 장비 선정으로 안전작업 수행

관리 포인트
일부 장비업체 양중능력 상승을 위한 추가 웨이트 적재 행위 근절 및 운전원 주기적 교육

(3) 장비실명제는 부착되어 있으며 면허를 보유하고 있는가?
(4) 주용도 외의 작업은 하지 않으며 운전원은 안전벨트를 착용하는가?
(5) 교행작업, 근로자 주변작업 시 신호수는 배치되어 통제하는가?

접근방지용 광센서 설치

지게차 동시작업

문제점
단독 작업과 관리 부실로 전도 및 협착사고 발생

개선안(원인)
교행 작업과 이동 시 유도원 또는 신호수 배치

관리 포인트
운전원과 실명제 일치 여부 확인(일일운전원 대치 사용) 및 금지된 작업 실행 여부 확인 관리

4. 지게차 기타 장치 점검

(6) 포크 라운드부 손상과 백레스트 미설치

포크 라운드부 손상(덧신과 간섭)

백레스트 미설치

문제점
포크 손상은 양중물 낙하위험 상존

개선안(원인)
백레스트 미설치는 양중물에 의한 본체 충돌 손상 위험

관리 포인트
포크부 일정 깊이 손상 시 사상작업 필요(집중하중 제거) 및 백레스트 정상 설치 운행

「산업안전보건기준에 관한 규칙」 제181조(백레스트)
사업주는 백레스트(Backrest)를 갖추지 아니한 지게차를 사용해서는 아니 된다. 다만, 마스트의 후방에서 화물이 낙하함으로써 근로자가 위험해질 우려가 없는 경우에는 그러하지 아니하다.

5. 현장별 규정 사항

현장 내 장비, 차량 이동속도 준수
구내 속도(10km/h) 준수(미준수 시 적발 경고, 반출 조치)

과적 및 불량 적재 금지
① 과적으로 인한 장비 전도 및 인양물 낙하로 산업재해 유발
② 타이어 압력 적정량 적재 운행

※ 안전, 장비, 순찰팀에서 적발

6. 지게차 사고 사례

1) 지게차 전도 사고

사고 개요
크레인 지원 철판 하역작업 중 크레인 스윙 동작으로 간섭이 발생하여 지게차 전도

사고 개요
유도자, 신호수 미배치 및 신호 체계 불명확

6. 지게차 사고 사례

2) 장비 용도 외 사용으로 인한 사고

재해 상황도

※ 출처 : 한국산업안전보건공단

사고 개요

물류센터 하역장 내에서 건물 외부에 설치된 유리창을 청소하기 위해 작업자 2명이 지게차 포크에 팔레트를 끼워 올라가 유리창 청소작업을 하던 중 지게차 운전자가 물통을 올려주기 위해 지게차 포크를 30cm 정도 내리던 중 작업자 2명이 몸의 중심을 잃고 추락하여 1명이 사망한 재해

사고 개요

① 지게차 목적 외 사용
② 승차석 외 탑승

예방 대책

① 지게차는 화물의 적재, 하역 등 주용도 외의 용도로 사용을 금지하고 승차석 외 위치에 근로자의 탑승을 금지하여야 한다.
② 외벽 유리창 청소작업 시에는 고소작업대 및 이동식 틀비계를 사용하여 작업하고 부득이 지게차를 사용하여 작업을 할 때에는 안전난간이 부착된 전용 운반구 사용 시에만 고소작업을 실시하여야 한다.

6. 지게차 사고 사례

3) 자재 불량 적재로 인한 사고

재해 상황도

※ 출처 : 한국산업안전보건공단

사고 개요

공장 내에서 지게차에 화물을 싣고 계근대로 이동하던 중 야간경비원인 재해자가 지게차 옆으로 다가와 지게차 운전자에게 위로 올라가라고 신호하여 계근대 전진 방향으로 기어를 변속하고 가속기를 밟는 순간 지게차가 흔들리면서 적재하고 있던 화물이 낙하하여 사망한 재해

사고 개요

① 지게차 화물 적재 상태 불량
② 근로자 출입금지 조치 등 안전 조치 미흡

예방 대책

① 지게차에 화물 적재 시 편하중이 발생되지 않도록 적재하고 화물이 붕괴되지 않도록 로프 등으로 고정하며 운전자의 시야를 가리지 않도록 과다 적재를 금지해야 한다.
② 화물 운반을 위하여 지게차를 운행하는 주요 구간에는 지게차 통로를 확보하고 유도자를 배치한다.

6. 지게차 사고 사례

4) 오조작으로 인한 사고

재해 상황도

※ 출처 : 한국산업안전보건공단

사고 개요
제지공장 내에서 종이 원지에서 발생된 파지를 지게차로 수거하여 야적장으로 치우는 작업을 하던 중 재해자가 지게차 기어를 놓고 내린다는 것이 오조작하여 후진 방향으로 기어를 놓고 내린 후 파지를 치우러 가는 순간 지게차가 후진 방향으로 진행하여 뒷걸음치다가 후진하는 지게차와 롤 설비 사이에 협착되어 사망한 재해

사고 개요
① 목격자가 지게차 운전
② 운전 위치 이탈 시 안전 조치 미흡

예방 대책
① 「건설기계관리법」에서 정한 지게차 운전면허 소지자만 운전을 할 수 있도록 하여야 한다.
② 운전 위치 이탈 시에는 원동기를 정지시키고 브레이크를 확실히 제동하는 등 갑작스러운 주행을 방지하기 위한 충분한 조치를 하여야 한다.

7. 지게차 개정 법규

지게차 법 개정 관련 Q&A

Q1. 지게차 안전장치와 관련하여 어떤 사항이 변경되었나요?

A. 「산업안전보건기준에 관한 규칙」 제179조제2항이 개정되어 지게차 작업 중 충돌 위험이 있는 경우 후진경보기와 경광등을 설치하거나 후방감지기를 설치하도록 법이 개정되었습니다.

구분	내용
[개정]	제179조(전조등 등의 설치) ① 생략 ② 사업주는 지게차 작업 중 근로자와 충돌할 위험이 있는 경우에는 지게차에 후진경보기와 경광등을 설치하거나 후방감지기를 설치하는 등 후방을 확인할 수 있는 조치를 해야 한다.

Q2. 후진경보기와 경광등, 후방감지기 모두 설치하여야 하나요?

A. 아니요. 후진경보기와 경광등을 설치한 지게차는 후방감지기를 설치하지 않아도 됩니다.

Q3. 후진경보기와 경광등은 어떠한 장치인가요?

A. 후진경보기는 갑작스러운 사고나 위험을 광선이나 음향 따위를 이용하여 알리는 장치이며, 경광등은 긴급함을 알리기 위해 설치하는 붉은 빛을 발하는 것을 말합니다.

Q4. 후방감지기란 정확히 어떠한 장치들을 말하는 건가요?

A. 후방감지기는 후방을 감지하여 지게차 후미에 사람 또는 물체가 근접할 경우 지게차가 정지하거나 거리에 따라 운전자에게 시각, 청각적으로 주의를 주는 장치를 말하며 후방 감지카메라(모니터 포함), 후방 감지센서, 모션 감지센서 등이 해당됩니다.

Q5. 후사경이나 룸미러도 후방감지기로 인정되나요?

A. 아니요. 후사경 및 룸미러는 후방감지기에 해당되지 않습니다.

고소작업대
TABLE LIFT(T/L)

1. 정의
2. 종류
3. 고소작업대 사용 시 유의사항
4. 고소작업대 구조
5. 고소작업대 반입 및 운영 순서
6. 고소작업대 안전장치 점검
7. 고소작업대 현장 불량 사례
8. 고소작업대 사고 사례

1. 정의

고소작업대란 작업대, 연장구조물(지브), 차대로 구성되며 사람을 작업 위치로 이동시켜주는 설비를 말한다.

2. 종류

1) 차량탑재형 고소작업대

화물자동차에 지브로 작업대를 연결한 형태

2) 시저형 고소작업대

시저형 고소작업대 이미지

작업대가 시저장치에 의해서 수직으로 승강하는 형태

3) 자주식(굴절식) 고소작업대

작업대를 연결하는 지브가 굴절되는 형태

3. 고소작업대 사용 시 유의사항

① 작업대를 와이어로프 또는 체인으로 올리거나 내릴 경우 와이어로프와 체인이 끊어져 작업대가 떨어지지 아니하는 구조로 하며, 와이어로프 또는 체인의 안전율은 5 이상이어야 한다.
② 작업대를 유압에 의해 올리거나 내릴 경우 작업대를 일정한 위치에 유지할 수 있는 장치를 갖추고 압력의 이상저하를 방지할 수 있는 구조이어야 한다.
③ 권과방지장치를 갖추거나 압력의 이상상승을 방지할 수 있는 구조이어야 한다.
④ 붐의 최대 지면경사각을 초과운전하여 전도되지 않도록 한다.
⑤ 작업대에 정격하중(안전율 5 이상)을 표시하도록 한다.
⑥ 작업대에 끼임·충돌 등 재해 예방을 위한 가드 또는 과상승방지장치를 설치하도록 한다.
⑦ 조작반의 스위치는 눈으로 확인할 수 있도록 명칭 및 방향표시를 유지하도록 한다.

4. 고소작업대 구조

1) 시저형(Scissor)

작업대가 시저장치에 의해서 수직으로 승강하는 형태로서 작업대에 작업자를 탑승시킨 상태에서 시저형 구조물을 상승시켜 천장배관, 전등설치 등에 사용된다.
※ 일명 렌탈장비 혹은 테이블 리프트 등은 잘못된 용어 사용임

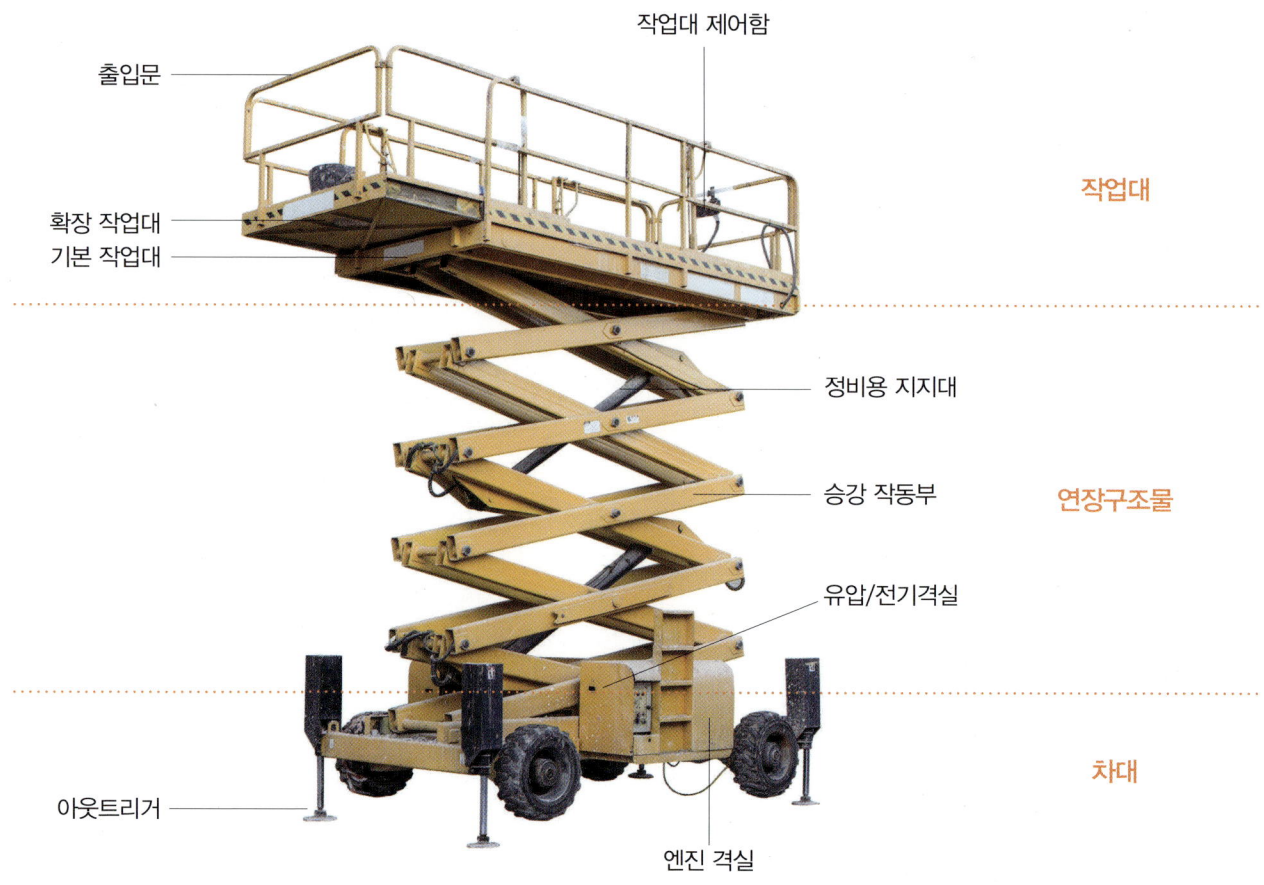

4. 고소작업대 구조

2) 붐형(Boom)

작업대를 연결하는 지브굴절 혹은 신축되는 형태로서 작업대에 작업자를 탑승시킨 상태에서 지브를 상승시켜 선박의 선측 등 높이가 2m 이상인 장소에서 도장, 용접, 사상 등의 작업을 하는 장비로 주로 조선소에서 사용된다.

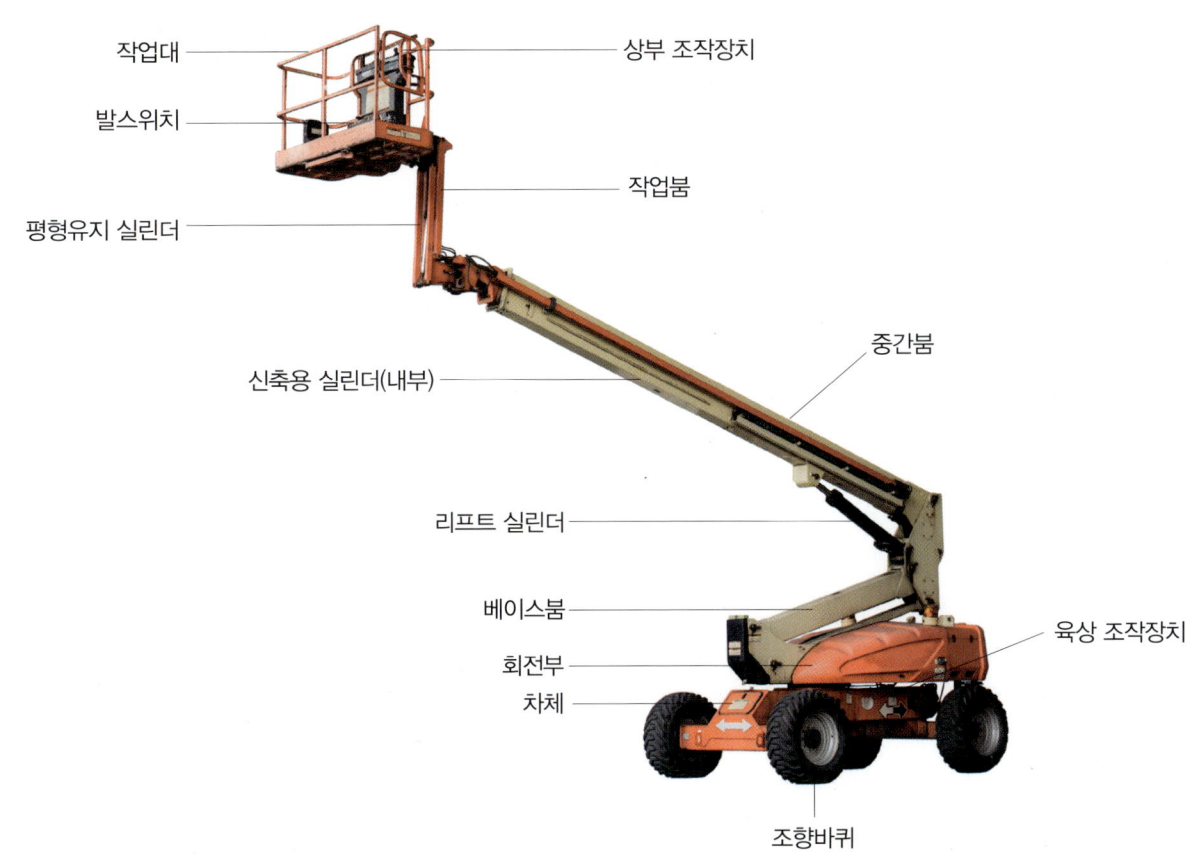

4. 고소작업대 구조

3) 유압형 고소작업대

작업대에 1명의 작업자를 탑승시킨 상태에서 동력을 이용, 작업대를 상승시켜 빌딩 내부, 좁은 공간에서 전등 교체 등의 작업을 하는 장비로서 빌딩, 대형마트, 체육관 등에서 주로 사용된다.

5. 고소작업대 반입 및 운영 순서

1) 장비 요청

① 장비 사양 및 정보 입수
② 장비업체 선정 및 협의
③ 해당 장비 수배

2) 서류 작성

① 장비사용허가서 결재
　(사용허가서, 보험, 모델 등)
② 중기설비팀 서류 접수
③ 실명제 발급

3) 입고(외관) 검사

① 장비 입고 – 지정 입고장소
② 장비 부착물 부착

4) 입고(기능) 검사

① 안전장치 설치, 작동 상태
② 게시물 부착 및 규정 상태
③ 외부 상태 및 기타 검사

5) 장비명판 확인
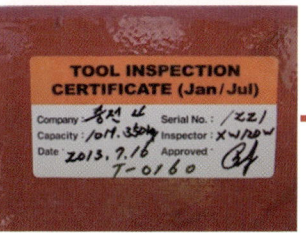
① 차대번호 확인
② 제작 연월일 확인

6) 장비 이동

① 사용 장소로 이동(중장비 이용)
② 이동 시 운반규정 준수

7) 장비 사용

① 지원작업에 따른 장비사용
② 사용 시 사내 규정 준수 철저
③ 작업종료 시 정지장소 보관

8) 일일 검사

① 일일검사(운전자, 점검자)
② 고장 시 즉시 A/S 처리 및 고장 표찰 게시

6. 고소작업대 안전장치 점검

1) 협착방지장치(안테나식 과상승방지장치)

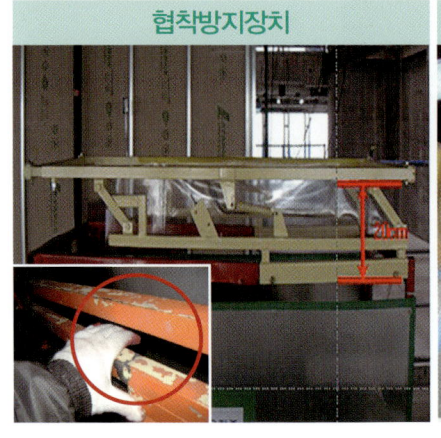
협착방지장치

안테나식 과상승 지지봉

협착 방지 장치
① 고소작업대 난간에서 최대 20cm 이내로 설치
② 난간높이 최대 140cm 이내로 조절 가능

안테나식 과상승방지장치
① 작업자의 머리보다 높게 설치할 것
② 협착 방지대 해체 시(난간대에 설치 자재 인양 작업 시) 협착 방지대를 사용할 것

※ 협착 방지대가 우선(필수)으로 설치되어 있어야 하며 작업 특성상 협착 방지대 해체 작업 시에는 과상승 지지봉을 설치

2) 작업대 상승 시 주행차단장치

주행 차단 리미트
① 작업대 상승 시 주행 동작 불가
② 별도의 리미트 부착으로 주행 차단(작업자 임의 훼손 및 기능 상실 여부 확인)

※ 인증 서류와 일치 여부 확인

6. 고소작업대 안전장치 점검

3) 풋 스위치(Foot Switch)

① 컨트롤 박스(Control Box)와의 연동 상태 확인
② 보호커버 부착 및 파손 여부 점검

※ 임의 훼손, 결속 금지(케이블 손상 및 발판 고정금지)

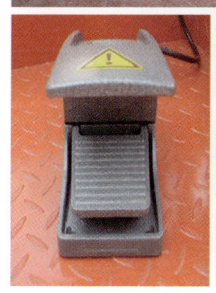
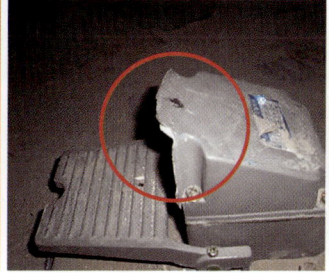

6. 고소작업대 안전장치 점검

4) 컨트롤 박스(Control Box) ASS'Y

① 비상정지 스위치, 인터록(Interlock) 스위치 규정품 확인 및 작동 상태(조종관에 적색돌출 수동 복귀형 비상정지장치 부착)
② 조종레버 동작 후 자동 복귀 상태 확인(Zero-Notch Lock 상태 및 레버 복귀)

※ 동작 표기가 명확할 것
  레버 작동 시에는 이중 안전장치가 부착되어 있을 것

6. 고소작업대 안전장치 점검

5) 비상하강장치

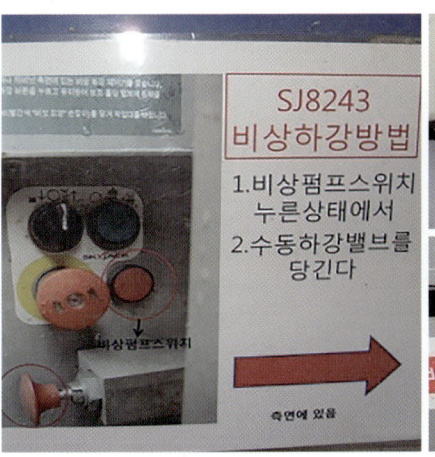

① 전기식, 유압식 등 비상하강장치의 원활한 동작 여부 확인
② 비상하강장치 동작방법 위치표시 및 작동 설명서 부착 여부

※ 작업자 또는 하부 감시자는 비상하강 작동법 숙지(작동방법 부착할 것)

6) 수평 감지 센서

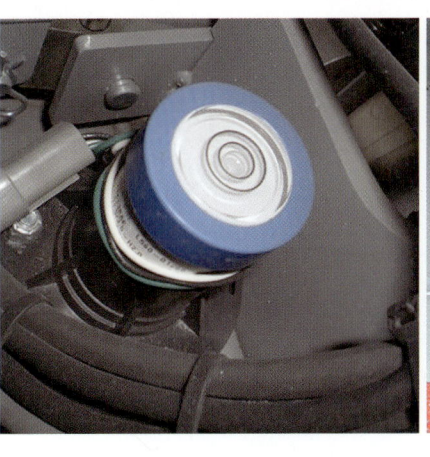

① 10° 이상의 경사 상태에서 테이블 상승 금지 여부 점검
② 수평 위치 설정 및 고정 상태 확인

※ 경사부에 작업대 상승 동작 유무 상태 확인

6. 고소작업대 안전장치 점검

7) 하부조작장치

① 하단에서 상승 동작은 차단하고 하강 동작만 가능

※ 장비 모델별 작동법을 표기할 것

8) 브레이크장치

① 디스크 브레이크, 핀 록, 타이어 압착식 등의 동작 상태 점검
② 상승 상태에서 주행 동작 시 해제금지 여부 확인

※ 브레이크 작동 시 슬립 발생이나 제동력 상실 시 즉시 수리 요구

7. 고소작업대 현장 불량 사례

1) 과상승방지장치 손상, 망실 상태

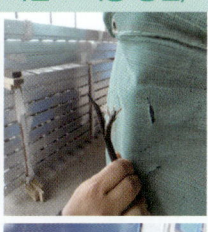

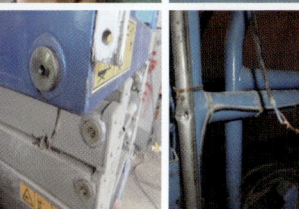

불량 사항(손상 및 직결로 기능 상실)

과상승방지장치
작업자의 상부 건물이나 물체와의 충돌, 협착 방지용 안전장치
① 리미트(Limit) 본체 망실
② 스프링 레버 탈락
③ 지지대 절단, 해체, 변형 발생
④ 케이블 단선 및 직결 연결로 기능 상실

※ 작업자 안전의식 및 사용장비 책임의식 결여

2) 경사부, 단부측 이동 및 작업 금지

경사로 이동 및 단부측 작업은 예측 불허

렌탈 이동 금지구역 준수
① 경사로 15° 이상 도로 이동 금지(수평감지장치 작동 시 장비 작동 불가)
② 단부 측, 이동 방지턱 설치부 이동 금지(무리한 이동 시 장비전도 발생 위험)
③ 경사부 세팅 작업 금지(작업대 상승 높이에 따라 수직도, 기울기 편차 과다 발생)

※ 금지 위반으로 장비전도로 타 현장 잦은 발생

7. 고소작업대 현장 불량 사례

3) 양중작업 불량

양중 전용 러그부 체결 양중 준수
① 임의 부위 양중작업 진행
② 양중 전용 러그이용 철저
③ 장비 양중 시 와이어로프 사용 준수

작업 투입인원 준수
① 작업대 2명 이상 탑승 금지

8. 고소작업대 사고 사례

1) 사고 사례 1

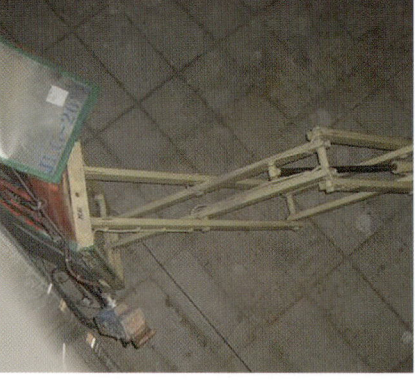

재해 개요
경사부 작업 근절 규정 무시로 장비 전도 사고 발생 유발(2008년)

예방 대책
작업 전 안전장치 작동 필히 확인(수평감지장치 기능 상실 - 중고품 정상작동 수시 확인)

8. 고소작업대 사고 사례

2) 사고 사례 2

재해 개요

고소작업대 이동 신호수 및 유도원 미배치로 인하여 이탈 사고 발생

예방 대책

슬래브 단부, 바닥 단차부, 개구부 근접지역 작업 시에는 반드시 주행바퀴 스토퍼(Stopper) 설치
① '아차, 설마' 하는 마음으로 작업 시 사고 발생률 증가
② 작업 전 필히 작업장 주위 여건 확인(반복작업으로 인한 안전의식 저하로 사고 발생)

3) 사고 사례 3

재해 상황도

※ 출처 : 한국산업안전보건공단

재해 개요

피재자가 고소작업대를 탑승 · 운전하여 물류창고의 차량 진 · 출입문을 통과하던 중, 출입문 상부패널과 고소작업대의 상부 안전난간대 사이에 흉부가 협착되어 사망한 재해

예방 대책

고소작업대를 이동하는 때에는 작업대를 가장 낮게 하강시키고, 이동통로의 요철 상태 및 장애물 유무 등을 사전에 확인하여야 하며, 출입문을 통과하는 때에는 유도자를 배치하여 신호에 따라 이동하도록 하여야 한다.

롤러
ROLLER

1. 종류
2. 롤러 점검 포인트
3. 타이어식과 탬핑식의 작업방식
4. 롤러 부적합 사항
5. 롤러 사고 사례

1. 종류

1) 타이어식 롤러

2) 진동 롤러

2. 롤러 점검 포인트

❶ 사이드미러 부착 유무
❷ 엔진룸 기름 유출 유무
❸ 전조등 작동 유무 육안검사
❹ 드럼 연결부 이상 유무 및 진동패드 이상 유무
❺ 후진경고음 작동 유무
❻ 운전원 자격 및 시야 확보 유무
❼ 부위별 연결부 균열 발생 여부 및 체결핀류 체결 상태
❽ 드럼부 변형 및 크랙 발생 여부
❾ 유압장치 및 유압호스, 실린더 이상 유무

3. 타이어식과 탬핑식의 작업방식

1) 독립타이어식 롤러

[독립타이어식 타이어]

2) 탬핑 롤러

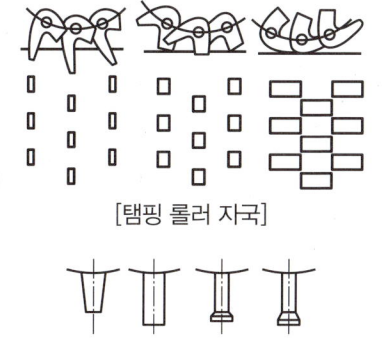

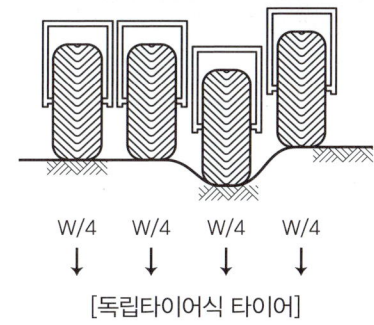

[탬핑 롤러 자국]

[탬핑 롤러 돌기형]

4. 롤러 부적합 사항

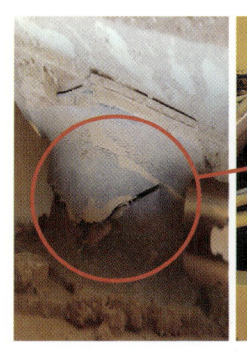  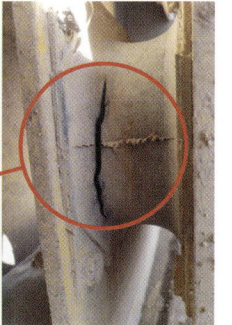

부적합 사항
롤러 진동패드 손상 과다

위험 요인
패드 파손 시 기능 저하 및 상실로 재해 발생 요인

중점 안전관리
일일점검 철저 및 비상시 교체용 진동 패드 확보 요함

5. 롤러 사고 사례

1) 사고 사례 1

재해 상황도

※ 출처 : 한국산업안전보건공단

사고 개요

기존 도로 균열 보수를 위해 포장 작업 후 롤러로 다짐작업 중 아스콘 청소작업 중인 피재자를 발견하지 못하고 부딪혀 발생한 재해

예방 대책

① 작업 유도자를 배치한 상태에서 유도자의 신호에 따라 작업 실시
② 작업 위험구간에 근로자의 출입을 통제
③ 타이어 롤러의 후사경은 수시 확인하여 이상이 있을 시 교체

5. 롤러 사고 사례

2) 사고 사례 2

재해 상황도

※ 출처 : 한국산업안전보건공단

사고 개요
포장 작업 중인 도로에서 후진하는 타이어 롤러에 부딪혀 사망한 재해

예방 대책
차량계 건설기계를 사용해 작업하는 경우에는 운전 중인 차량계 건설기계에 근로자가 부딪힐 위험이 있기 때문에 근로자를 출입시키지 않거나 장비 유도자를 배치해야 한다.

5. 롤러 사고 사례

3) 사고 사례 3

재해 상황도

※ 출처 : 한국산업안전보건공단

사고 개요

시내 도로포장 공사 현장에서 차선폭 확보용 임시 도로차선 표지(일명 오뚜기) 설치를 위해 재해자가 50m 줄자를 이용하여 라인설정 작업을 하던 중 후진하던 타이어 롤러에 충돌·협착되어 사망한 재해

예방 대책

① 작업유도자를 배치한 상태에서 유도자의 신호에 따라 작업 실시
② 작업 위험구간에 근로자의 출입을 통제

5. 롤러 사고 사례

4) 사고 사례 4

재해 상황도

※ 출처 : 한국산업안전보건공단

사고 개요

도로 확포장공사 현장에서 공사구간 시점부의 보조기층 다짐작업을 위해 종점부에서 대기하고 있던 진동 롤러가 경사진 본선 노면(종단구배 S=21.94%)을 이동하던 중, 노면 좌측의 L형 측구를 올라타면서 성토 단부에서 약 22.5m 법면 아래로 전복되어 진동 롤러 운전원이 사망한 재해

예방 대책

작업유도자를 배치한 상태에서 유도자의 신호에 따라 이동

도저(페이로더)
DOZER

1. 도저 점검 포인트
2. 도저 부수 장치
3. 도저 사고 사례

1. 도저 점검 포인트

① 사이드미러 부착 유무
② 전조등 작동 유무
③ 유압장치 및 유압호스, 실린더 이상 유무
④ 버킷부 체결 상태 및 크랙 발생 여부 확인
⑤ 후진경고음 및 경광등 작동 유무
⑥ 운전원 자격(장비이력카드) 및 시야 확보 유무
⑦ 엔진룸 기름 유출 유무
⑧ 각부 연결부 균열 발생 여부 및 체결핀류 체결 상태
⑨ 위치별 타이어 마모 상태 및 공기압 확인

2. 도저 부수 장치

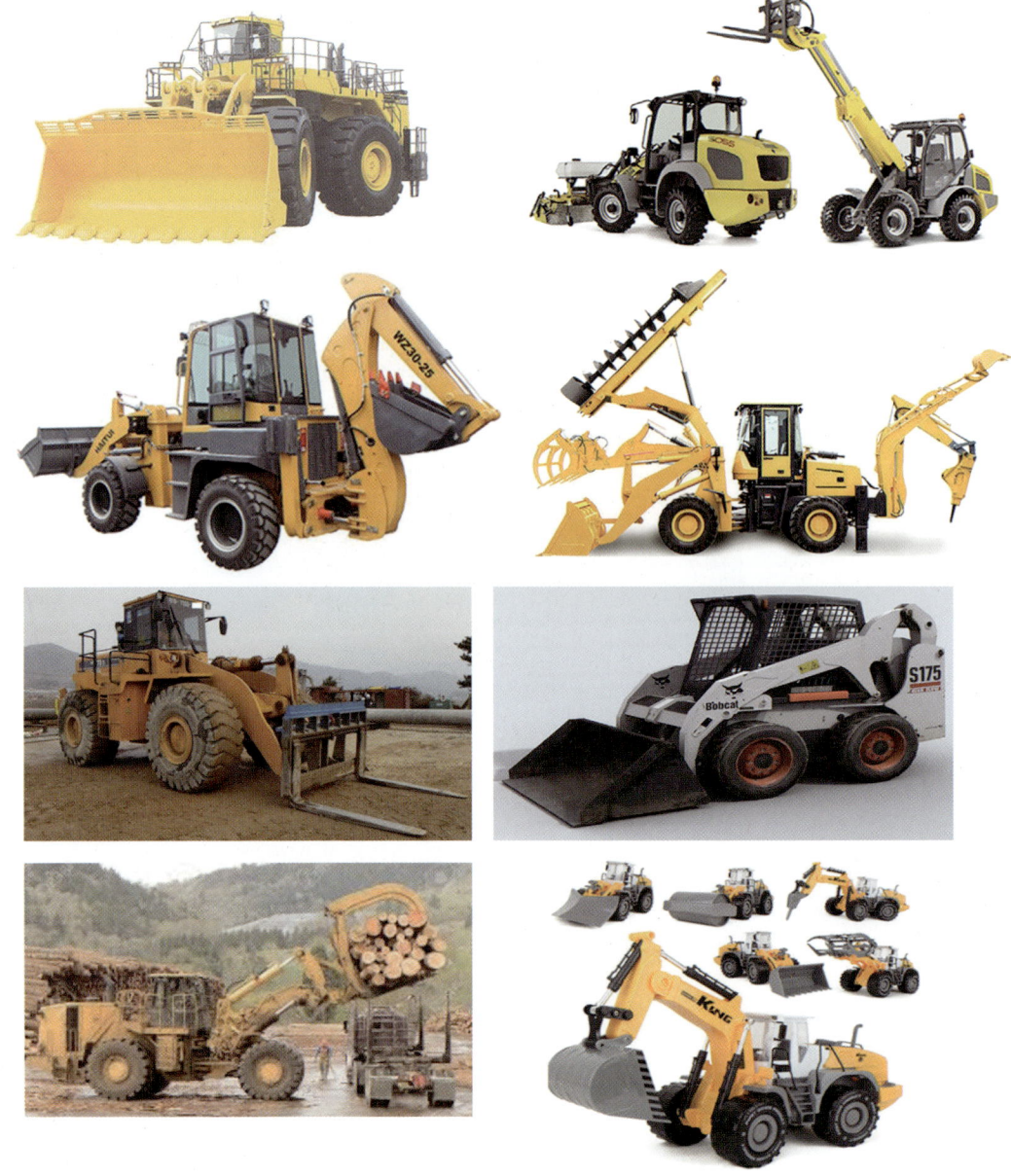

3. 도저 사고 사례

사고 개요
배수로 굴착 후 근접 이동 중 토사 붕괴로 전도 (2008년)

사고 개요
경사부 작업 근절 규정 무시로 장비 전도사고 발생 유발

예방 대책
작업 전 안전통로 확보 필수

불도저
BULLDOZER

1. 불도저 주요 명칭
2. 불도저 궤도 구조

1. 불도저 주요 명칭

① 운전실
② 공기여과기
③ 배기굴뚝
④ 디젤엔진
⑤ 무한궤도
⑥ 주동륜
⑦ 배토판 승강 실린더
⑧ 배토판
⑨ 날
⑩ 하부 롤러
⑪ 푸시프레임

2. 불도저 궤도 구조

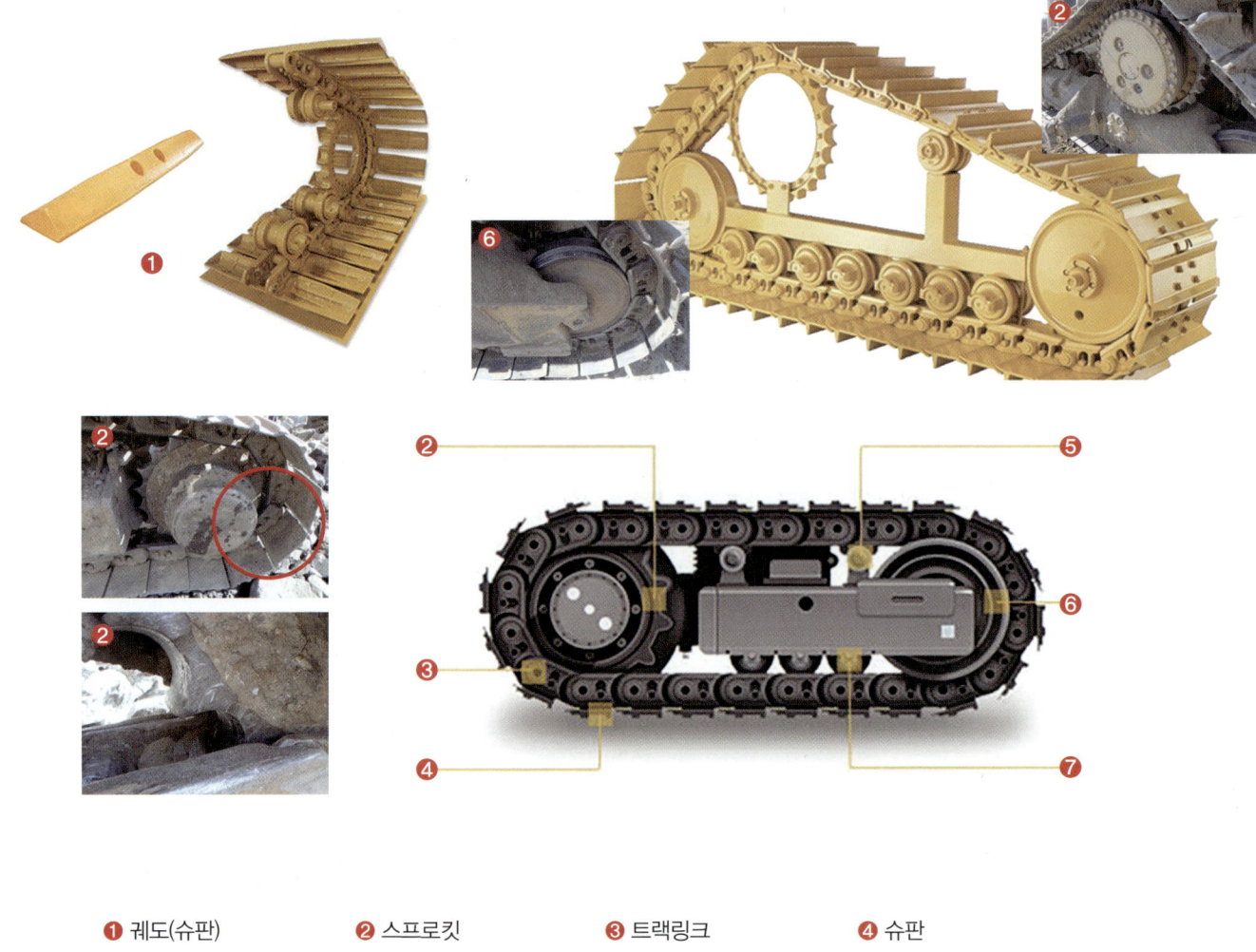

❶ 궤도(슈판) ❷ 스프로킷 ❸ 트랙링크 ❹ 슈판
❺ 캐리어 롤러 ❻ 아이들러 ❼ 트랙 롤러

2. 불도저 궤도 구조

1. 트랙 슈판
2. 트랙 슈판 어셈블리
3. 캐리어 롤러
4. 아이들러
5. 트랙 롤러
6. 스프로킷
7. 트랙 링크 어셈블리

차징카
CHARGING CAR

1. 차징카 주요 명칭
2. 차징카 방호선반
3. 차징카 사고 사례
4. 차징카 제원 및 작업반경

1. 차징카 주요 명칭

❶ 대차　　　❸ 경광등　　　❺ 전기전선
❷ 방호선반　❹ 붐실린더　　❻ 아웃트리거

2. 차징카 방호선반

① 터널공사 중에 발생하는 파편이나 낙하물 등으로부터 작업자를 보호하기 위해 차징카 작업선반 위에 설치하는 것을 차징카 방호선반이라고 한다.
② 제시된 선반은 수동식 슬라이딩을 사용하여 앞뒤로 선반을 조정할 수 있으며 작업이 중지될 경우 동체를 뒤로 접을 수 있도록 제작되었다.

2. 차징카 방호선반

3. 차징카 사고 사례

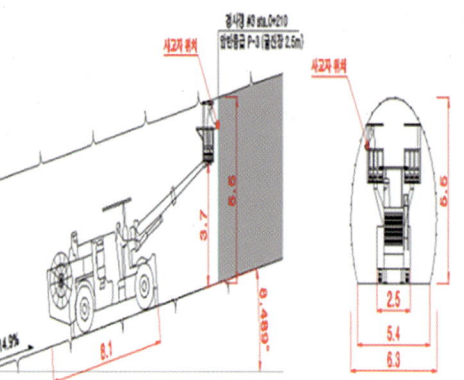

사고 개요
금정터널 경사갱(고속도로 현장) 사고

사고 경위
2016년 06월 01일 10시경, 차징카를 타고 인력 뜬돌 제거 작업 중 차징카 조작 실수로 막장면에 왼쪽 어깨 부위를 부딪히면서 암석면 돌출 부위로 인해 왼쪽 팔뚝에 자상을 입은 사고

예방 대책
차징카 조작 미숙으로 인한 사고 발생으로 숙련공 외에 차징카 조작을 금지하고 터널 굴착 작업에 대한 안전 교육이 실시되어야 한다.

4. 차징카 제원 및 작업반경

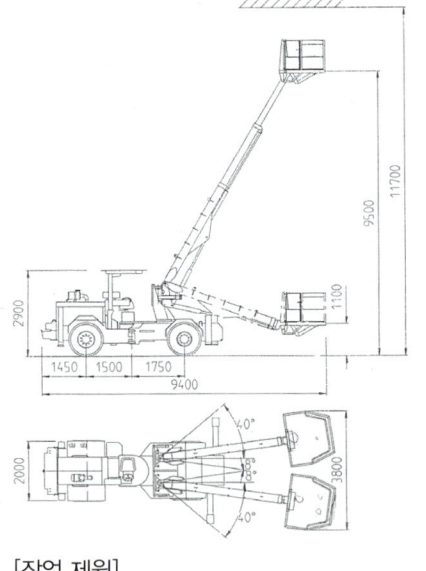

[작업 제원]

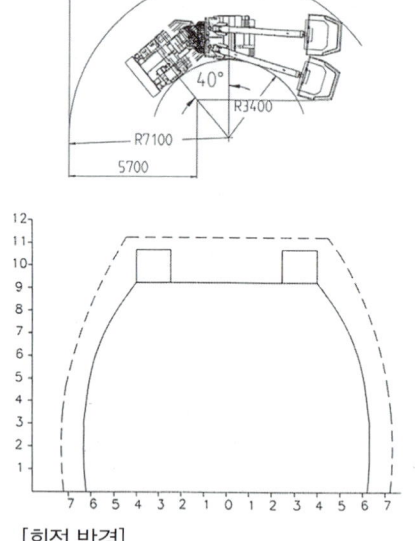

[회전 반경]

MEMO

덤프트럭
DUMP TRUCK

1. 덤프트럭 최대적재중량
2. 덤프트럭 안전장치 점검
3. 덤프트럭 제동장치
4. 덤프트럭 사고 사례
5. 덤프트럭 사각지대

1. 덤프트럭
   최대적재중량

최대적재중량
14,700kg

「건설기계 안전기준에 관한 규칙」 제30조(최대적재중량의 표시)
덤프트럭의 적재함 뒷문에는 최대적재중량을 맨눈으로 알기 쉽게 다음 각 호의 기준에 따라 표시하여야 한다.
1. 최대적재중량은 가로 250밀리미터 이상, 세로 100밀리미터 이상의 직사각형 내부에 10자리 이하는 "00"으로 하여 다음과 같이 표시할 것
   (예시) : 최대적재중량이 1만 4천756킬로그램인 경우

최대적재중량
14,700kg

2. 최대적재중량의 표시는 쉽게 지워지거나 제거되지 아니할 것

2. 덤프트럭 안전장치 점검

① 작업 전, 트럭, 차량의 이상 유무 사전 점검

② 건설기계를 평탄한 장소에 주차를 하고, 경사지에 정지할 경우 고임목 설치

③ 작업반경 내 출입금지 조치 및 펜스, 방책 등을 설치

「건설기계관리법 시행규칙」 별표8 건설기계검사기준(제27조 관련)
3. 하체부
　사. 주행장치
　　(1) 트럭 · 롤러 · 스프로킷 · 프레임 레일 가이드는 심한 마모와 변형이 없을 것
　　(2) 무한궤도의 긴장도는 좌우가 동일할 것
　　(3) 차축의 외관 및 휠은 균열이 없고, 볼트 · 너트가 견고하게 체결되어 있을 것
　　(4) 타이어는 코드층이 노출될 정도로 손상이 없고 요철의 깊이가 1.6밀리미터 이상이어야 하며 공기압력이 적정할 것
　　(5) 제32조제1항 각 호에 해당하는 건설기계의 조향륜에는 재생타이어를 사용하지 아니할 것
　　(6) 규격미달 타이어를 사용하지 아니할 것

3. 덤프트럭 제동장치

1) 보조 제동장치(리타더)

대형 상용차(버스, 트럭)에 장착되는 보조 제동장치로 주브레이크의 부담을 줄이고 제동력을 보조하는 역할을 수행

2) 브레이크 캘리퍼 하우징, 자동 간극조정기어

 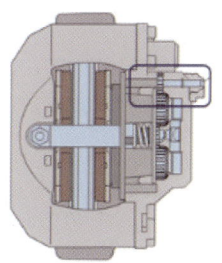

[브레이크 캘리퍼 하우징]
브레이크 디스크에 패드를 압착 시켜 감속시키는 장치

[자동간극조정기어]

3) 덤프트럭 브레이크 에어 챔버

 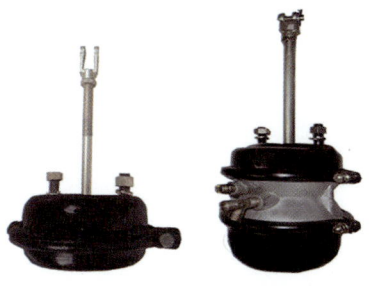

덤프트럭 일부 모델에서는 브레이크 호스와 타이어가 부딪혀 호스가 마모되고 브레이크액이 새어 나갈 수 있는 현상이 발생되는데 주로 차량의 구조적 결함이나 부품 간 간섭 등에서 비롯된다.

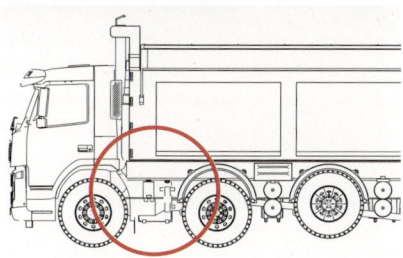 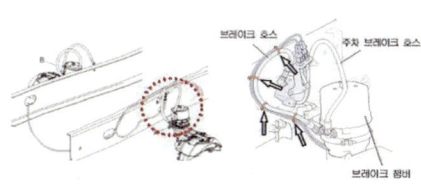

4. 덤프트럭 사고 사례

1) 사고 사례 1

덤프트럭 작업 중 사고 발생

2) 사고 사례 2

운전자 시선에서 안 보이는 사각지대

5. 덤프트럭 사각지대

운전자 시선에서 안 보이는 사각지대에 남아 있는 사람들

※ 출처 : 한국산업안전보건공단

콘크리트 펌프카
CONCRETE PUMP CAR

1. 콘크리트 펌프카 점검 포인트
2. 콘크리트 펌프카 주요 구조부
3. 기계식 압송 펌프 구조
4. 콘크리트 펌프카 아웃트리거 설치
5. 콘크리트 펌프카 안전 조치
6. 콘크리트 펌프카 사고 사례

1. 콘크리트 펌프카 점검 포인트

❶ 도킹 호스 이탈방지 체인 설치 여부 및 자바라 상태
❷ 유압장치 및 유압호스, 실린더 이상 유무
❸ 이송관 파손 여부 및 상태 점검
❹ 각부 연결부 균열 발생 여부 및 체결핀류 체결 상태
❺ 위치별 타이어 마모 상태 및 공기압 확인
❻ 각 비상정지스위치 상태 및 동작 여부
❼ 아웃트리거 동작 및 차체 수평 여부(좌우 3° 이내)
❽ 이송관 이음 체결부의 체결 상태
❾ 링기어 및 볼트 체결 상태
❿ 아웃트리거 설치 시 받침목 상태 및 위치 (절개지 높이×2 < 안쪽)

2. 콘크리트 펌프카 주요 구조부

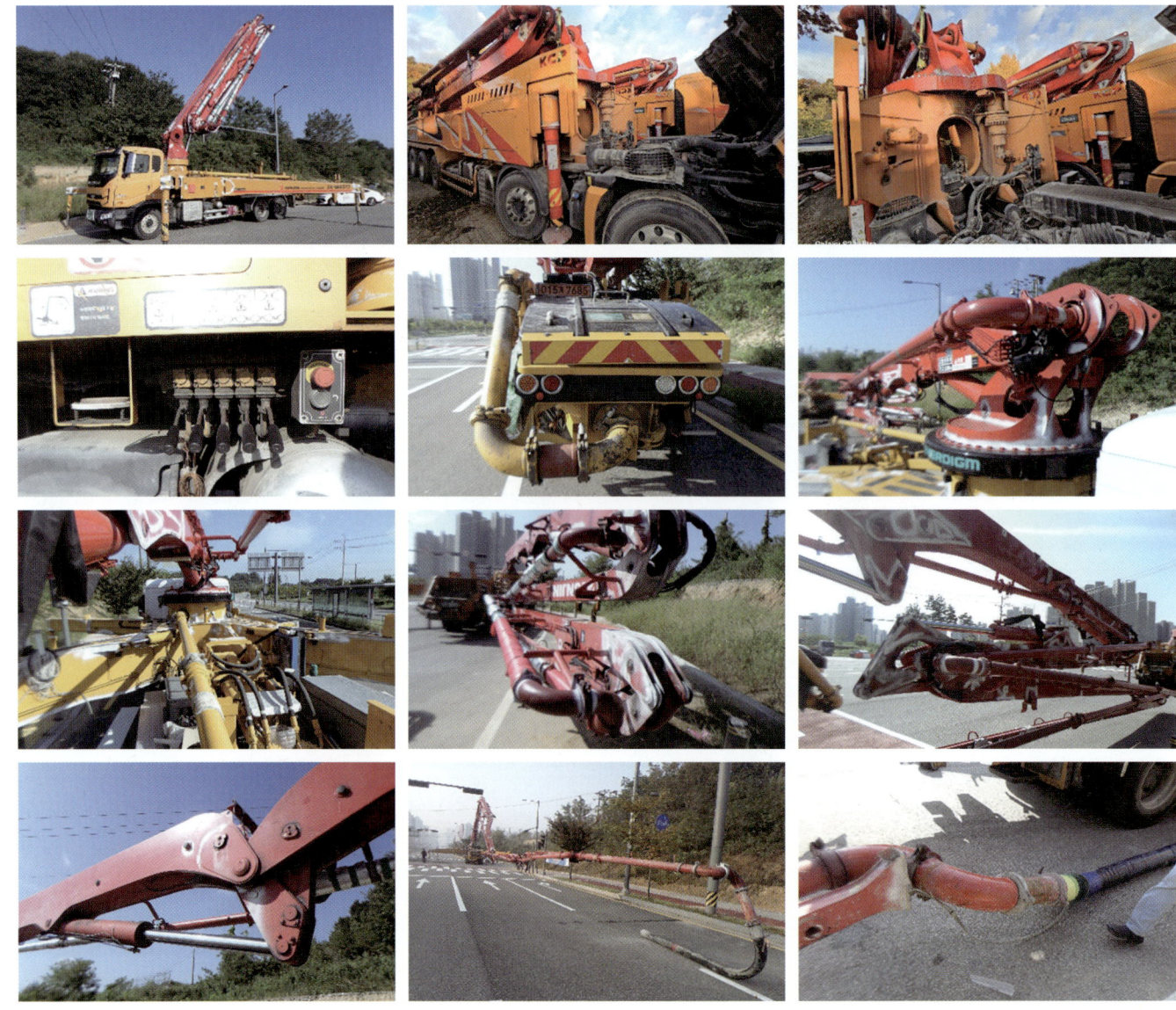

3. 기계식 압송 펌프 구조

1) 유압 시스템(Two 라인 시스템)

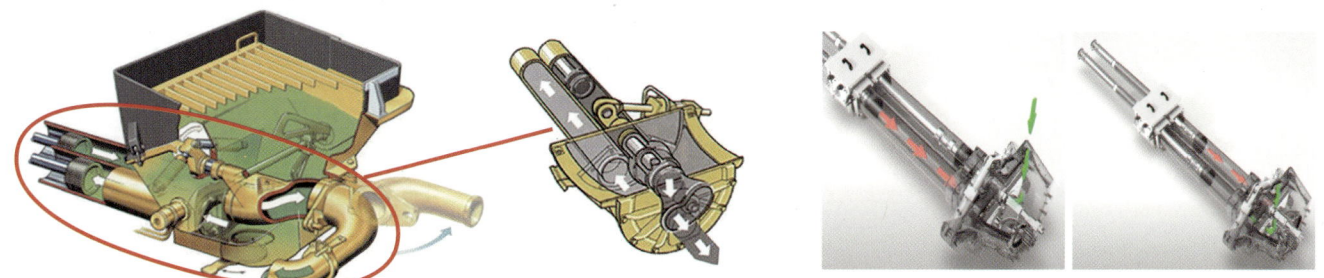

전진 유압시스템은 투라인 시스템으로 메인 유압실린더와 S밸브 전환 실린더가 독립적으로 작동하여, 펌핑 시 붐바운싱을 줄여 엔드호스 다루는 작업을 쉽게 해준다.

4. 콘크리트 펌프카 아웃트리거 설치

1) 아웃트리거 받침목 설치

1. **지적 사항**
   펌프카 아웃트리거 받침목 사용 미흡

2. **조치 사항**
   펌프카 아웃트리거 받침목 설치

4. 콘크리트 펌프카 아웃트리거 설치

2) 아웃트리거 받침목 설치 기준

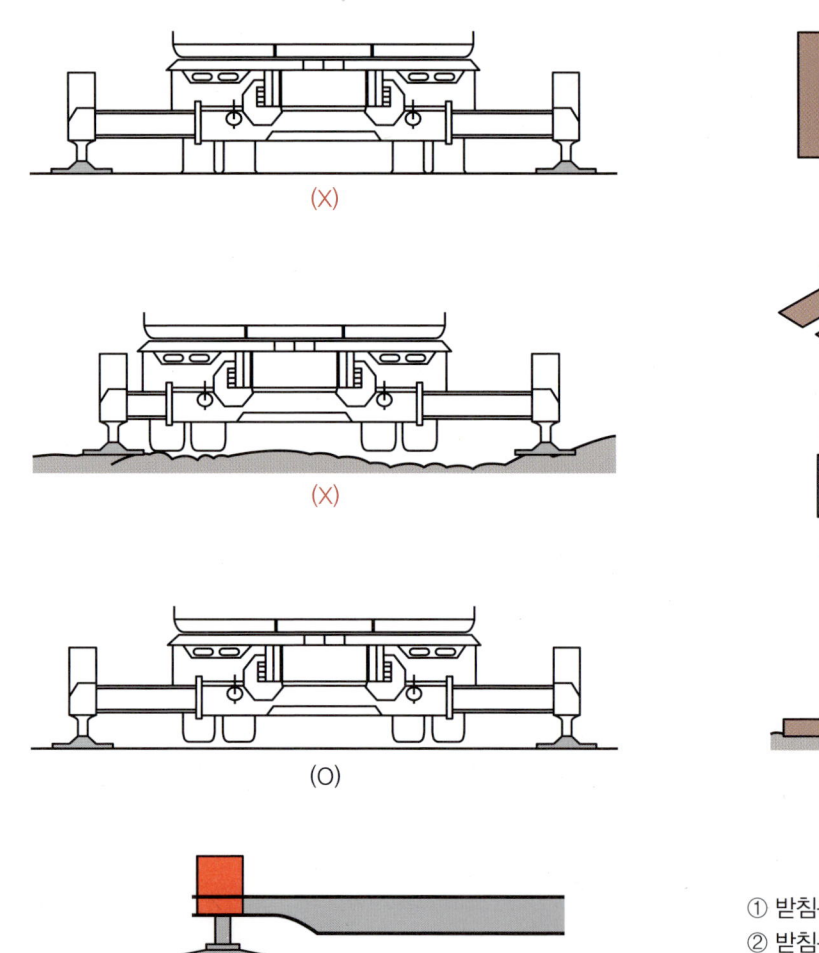

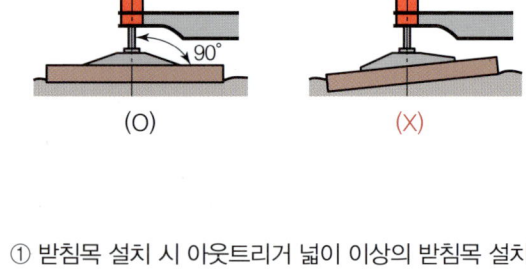

① 받침목 설치 시 아웃트리거 넓이 이상의 받침목 설치
② 받침목은 수평인 상태로 설치

※ 출처 : 한국산업안전보건공단

4. 콘크리트 펌프카 아웃트리거 설치

3) 아웃트리거 받침

아웃트리거의 받침은 크레인 아웃트리거 빔의 저면(a)보다 2배 정도(2a) 넓이로 설치한다.

5. 콘크리트 펌프카 안전 조치

1) 콘크리트 펌프카 전도방지

※ 출처 : 한국산업안전보건공단

① 허용 지내력도가 지중응력을 상회하는 깊이까지는 강도가 큰 부순돌이나 개량층을 만들어 안전성을 확보한다.

② 철판 위에서 작업한다. 이토(泥土)로 보이지 않을 때는 더욱이 철판의 유무를 확인한다.

③ 견고한 다짐 바닥과 묽은 되메우기 흙의 결함 부분 등 변위의 차이가 큰 부분도 위험하다.

④ 옛날 우물이나 공동 등 땅이 비어 있는 경우는 위험하니 잘 살펴서 되메우기 한다.

⑤ 구기초의 되메우기 흙이 묽은 경우는 끌려 들어간다.

5. 콘크리트 펌프카 안전 조치

2) 콘크리트 펌프카 접촉 금지

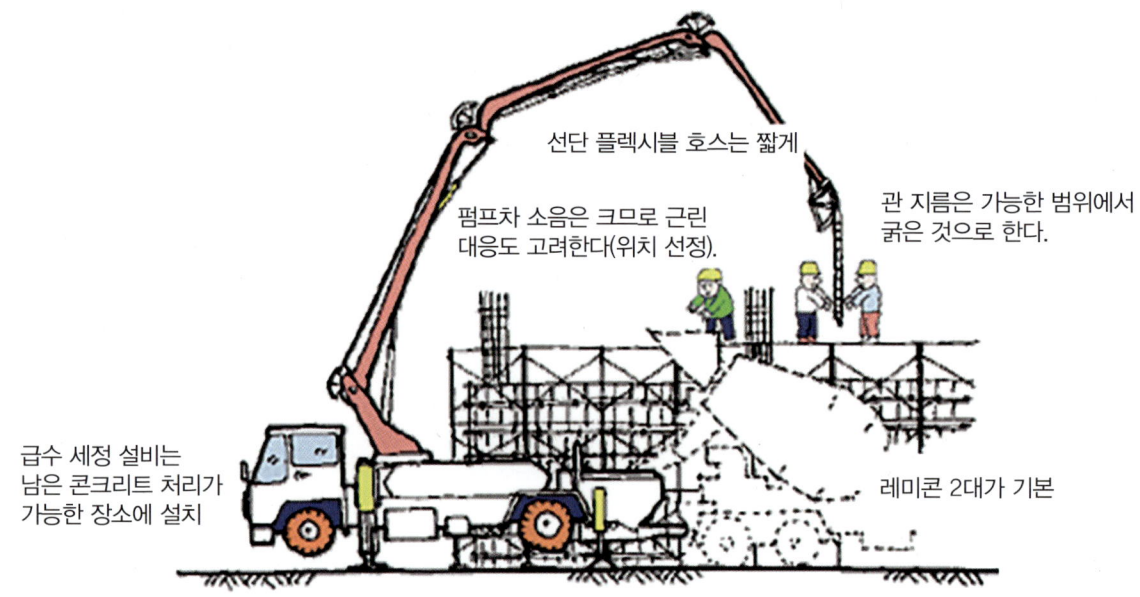

※ 출처 : 한국산업안전보건공단

「산업안전보건기준에 관한 규칙」 제200조(접촉 방지)
① 사업주는 차량계 건설기계를 사용하여 작업을 하는 경우에는 운전 중인 해당 차량계 건설기계에 접촉되어 근로자가 부딪칠 위험이 있는 장소에 근로자를 출입시켜서는 아니 된다. 다만, 유도자를 배치하고 해당 차량계 건설기계를 유도하는 경우에는 그러하지 아니하다.
② 차량계 건설기계의 운전자는 제1항 단서의 유도자가 유도하는 대로 따라야 한다.

6. 콘크리트 펌프카 사고 사례

사고 일자	2022년 05월 24일(화) 09시 15분경	회사명 / 현장명	○○건설㈜ 광주 임동 도시환경사업조합 현장
공사 금액	2,542억 원(「중대재해 처벌 등에 관한 법률」 대상)	재해 정도	사망 1명(남, 34세, 중국 국적)

사고 개요
콘크리트 펌프카(57m)를 이용해 지하주차장 상부 슬래브의 콘크리트 타설 작업을 진행하던 중 펌프카 붐대가 꺾이면서 하부 재해자가 깔려 병원으로 이송하였으나 09시 35분경 사망한 재해

조치 사항
광주광역본부 건설안전부 1명, 광주광역조사센터 1명, 고용노동부 광주청 감독관 3명 조사 실시

콘크리트 믹서트럭

CONCRETE MIXER TRUCK

1. 콘크리트 믹서트럭 구조
2. 콘크리트 믹서트럭 드럼 구동방식
3. 콘크리트 믹서트럭 배칭플랜트

1. 콘크리트 믹서트럭 구조(차량 운행 시 주요 기능장치)

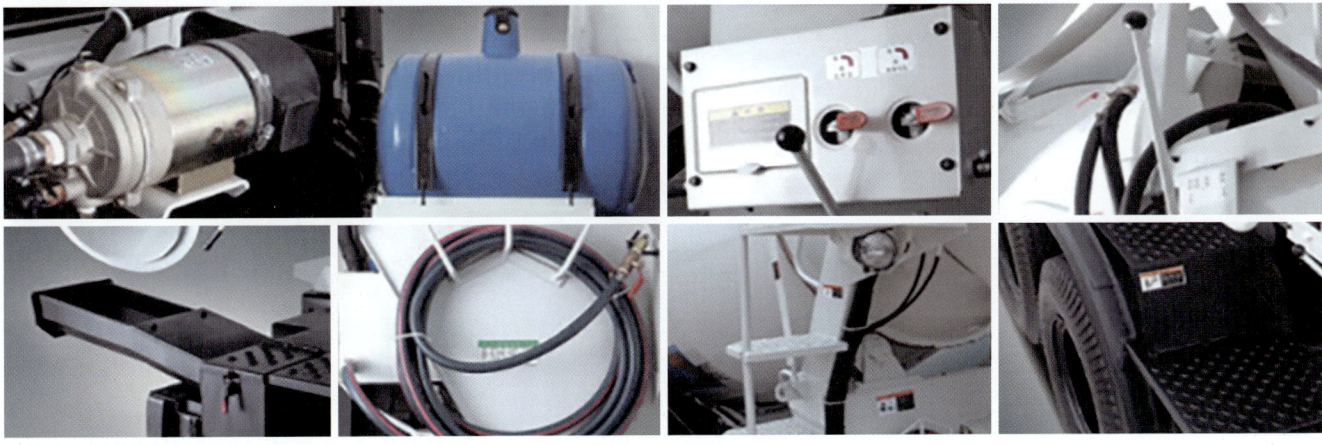

※ 출처 : 현대상용차

1. 콘크리트 믹서트럭 구조(믹싱 주요 기능 장치)

※ 출처 : 현대상용차

2. 콘크리트 믹서트럭 드럼 구동방식

1) 유압구동방식

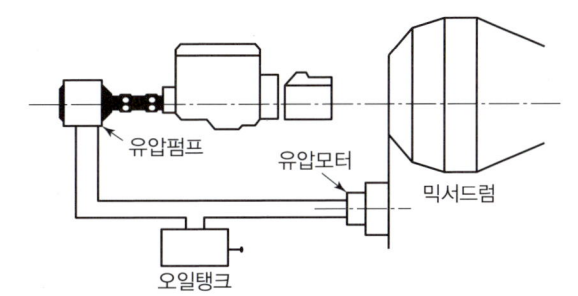

2) 기계구동방식

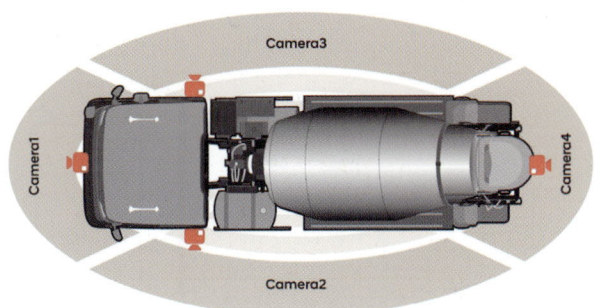

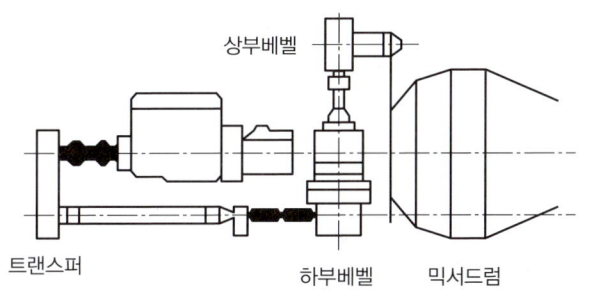

「건설기계 안전기준에 관한 규칙」 제59조(드럼의 구동방식)
① "유압구동방식"이란 콘크리트믹서트럭 드럼의 회전 구동력을 다음과 같은 유압장치에 의하여 얻는 방식을 말한다.
② "기계구동방식"이란 콘크리트믹서트럭 드럼의 회전 구동력을 다음과 같은 기계장치에 의하여 얻는 방식을 말한다.

3. 콘크리트 믹서트럭 배칭플랜트

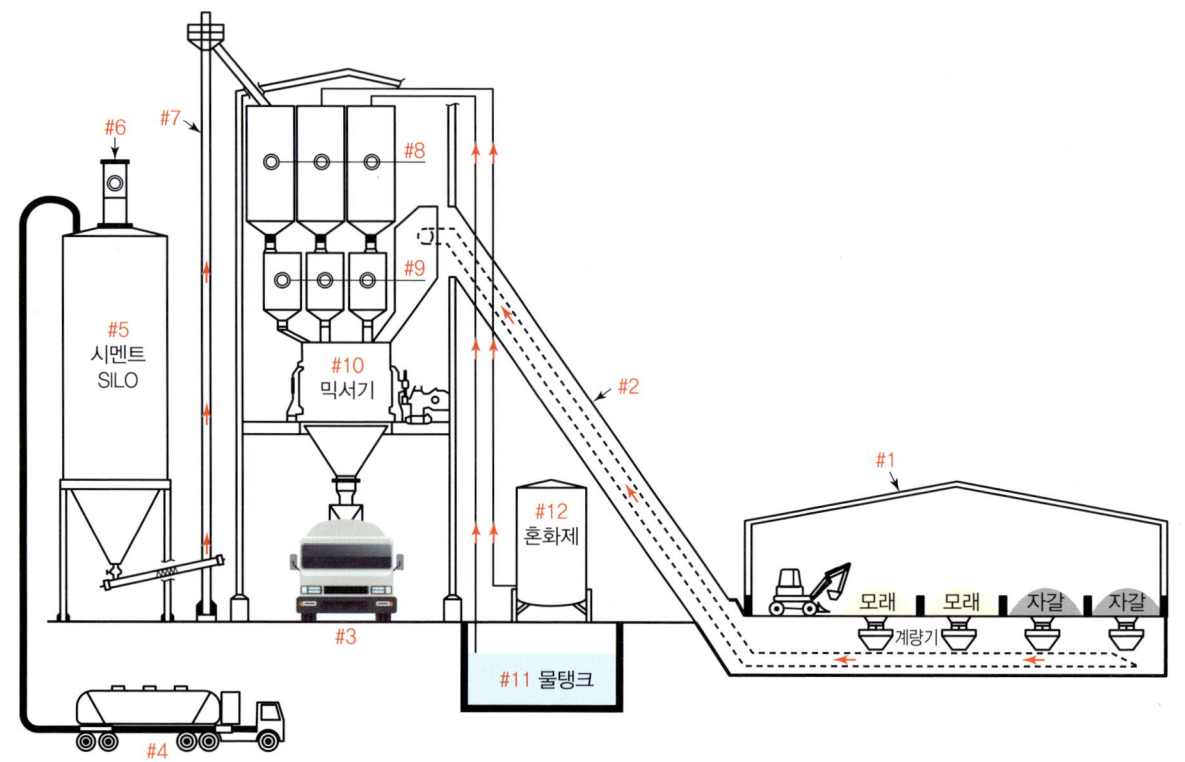

NO	명칭	규격	NO	명칭	규격
#1	골재호퍼	자갈, 모래 공급	#7	시멘트 이송	버커 엘리베이터(Bucker Elevator)
#2	골재이송 컨베이어	밀폐형 원통구조(경사형)	#8	저장빈	시멘트, 혼화제, 물
#3	레미콘 상차(출하)	레미콘 믹서트럭	#9	계량기	시멘트, 혼화제, 물
#4	시멘트 하역	시멘트 수송차(Bulk Truck)	#10	믹서기	-
#5	시멘트 사일로(Silo)	밀폐형 구조	#11	물탱크	-
#6	집진기	-	#12	혼화제 사일로	-

※ 출처 : 한국산업안전보건공단

MEMO

콘크리트 플레이싱 붐
CONCRETE PLACING BOOM(CPB)

1. CPB 부위별 용어
2. CPB 인상작업 전 공정
3. CPB 작업 층별 세부 기준
4. CPB 사고 사례

1. CPB 부위별 용어

1) CPB 제원 및 부위별 명칭(JB-NM33H)

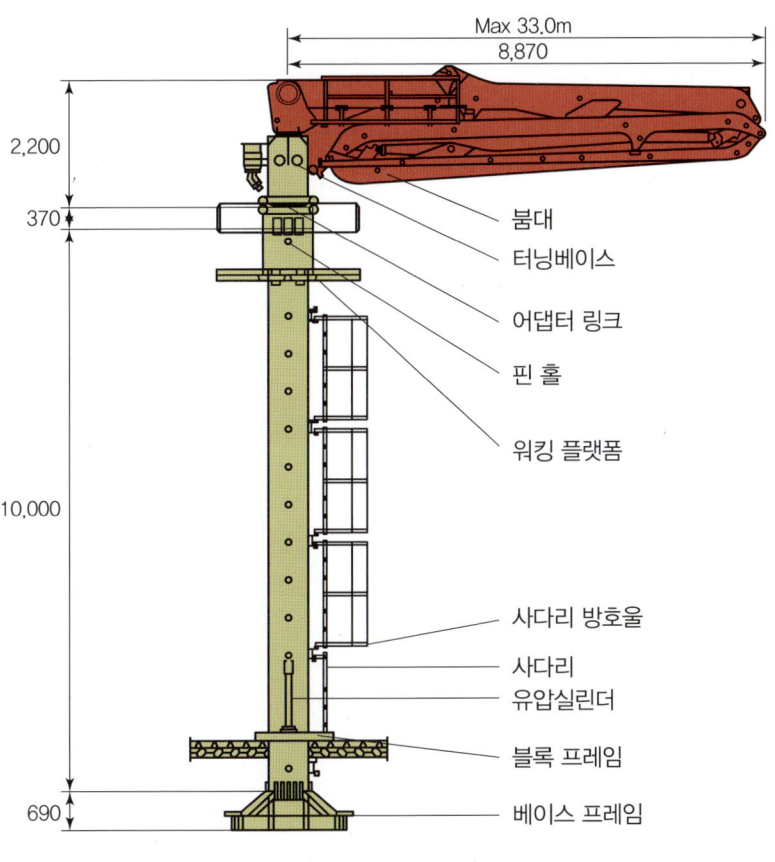

※ 출처 : 전진건설로봇(주)

1. CPB 부위별 용어

2) CPB 상세부위별 현장설치 사진 및 세부 명칭

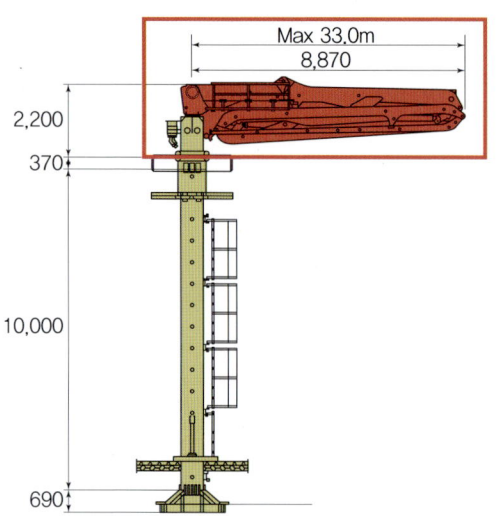

상부
① 타설 붐대
② 워킹플랫폼

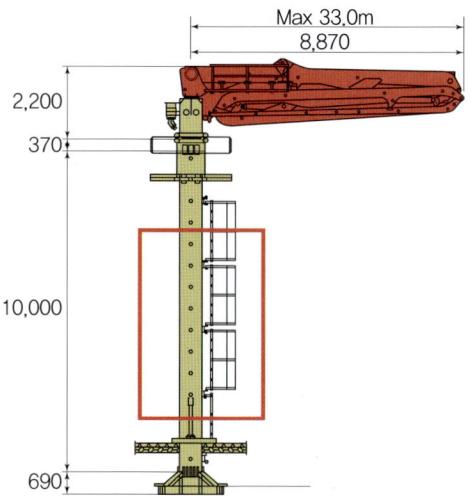

중앙부
① 튜블러컬럼(마스트)
② 압송관
③ 블록 프레임

1. CPB 부위별 용어

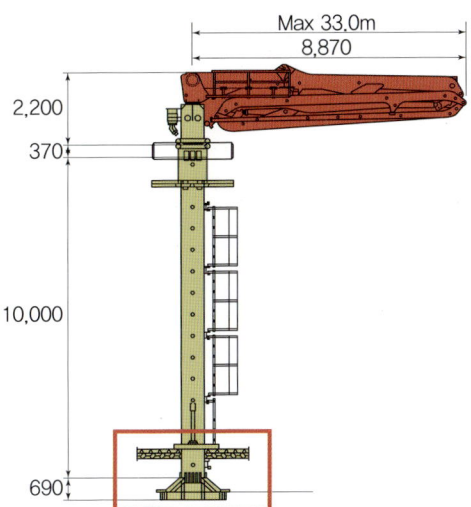

유압작동부
① 상부 고정핀(장핀)
② 유압실린더
③ 핀 홀
④ 고정용 쐐기
⑤ 하부 고정핀(장핀)

2. CPB 인상작업 전 공정

① 장비전문가 및 동별 공사담당에 의한 작업인원에 대한 안전교육 실시 및 실명제 운영(인상절차, 위험요인 등)

CPB 인상작업 과정

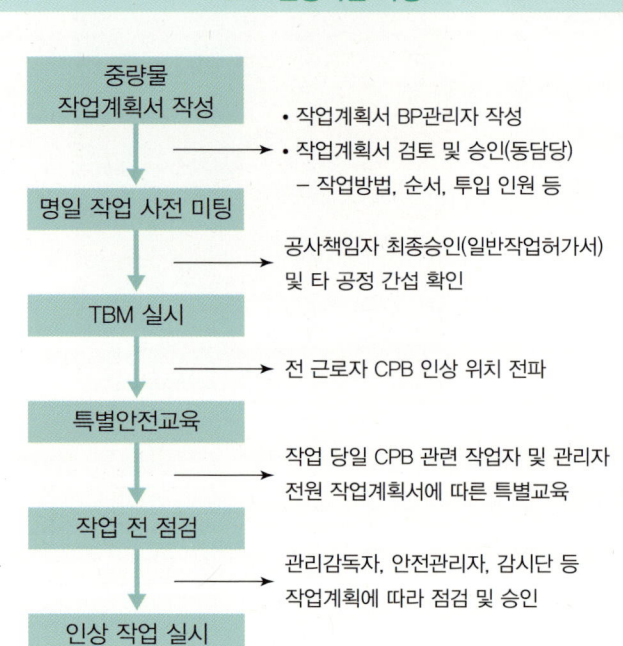

- 중량물 작업계획서 작성
  - 작업계획서 BP관리자 작성
  - 작업계획서 검토 및 승인(동담당)
    - 작업방법, 순서, 투입 인원 등
- 명일 작업 사전 미팅
  - 공사책임자 최종승인(일반작업허가서) 및 타 공정 간섭 확인
- TBM 실시
  - 전 근로자 CPB 인상 위치 전파
- 특별안전교육
  - 작업 당일 CPB 관련 작업자 및 관리자 전원 작업계획서에 따른 특별교육
- 작업 전 점검
  - 관리감독자, 안전관리자, 감시단 등 작업계획에 따라 점검 및 승인
- 인상 작업 실시

작업인원에 대한 안전교육

1. 교육자
   - 장비전문가 및 동별 공사담당(실명제 운영)
2. 교육대상
   - CPB 관련 작업자 및 관리자 전원 : 작업계획서에 따른 교육
3. 교육일시
   - 작업 투입 전 특별안전교육
4. 교육장소
   - 안전교육장
5. 교육내용
   - 작업순서, 안전작업방법 및 수칙에 관한 사항
   - 기구 및 공구 점검 방법
   - 붕괴·추락 및 재해 방지에 관한 사항
   - 신호방법 및 공동작업에 관한 사항
   - 산업안전 및 사고예방에 관한 사항
   - 산업보건 및 직업병 예방에 관한 사항
   - 안전기준 및 중량물 취급에 관한 사항
   - 해당 설비의 보수 및 점검에 관한 사항
   - 그 밖에 안전·보건관리에 필요한 사항

2. CPB 인상작업 전 공정

② 작업 층별 확인 및 근로자를 배치하며, CPB 인상 주작업자(작업지휘자, 작업자1)는 경력 5년 이상 투입
③ 작업 전 작업계획서 작성, 미팅 후 작업허가 승인

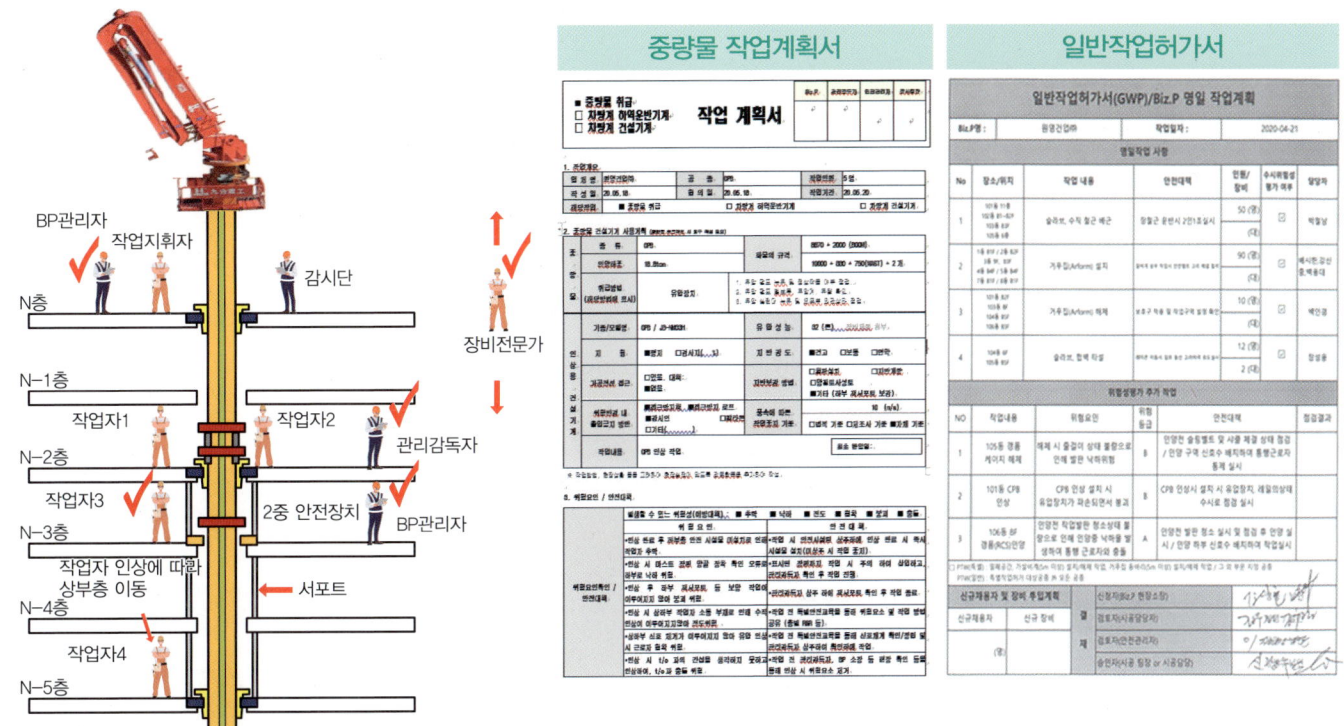

3. CPB 작업 층별 세부 기준

1) N층

구분	업무 분장	세부 내용
작업 전/중	관리감독자	콘크리트 강도 및 서포트 설치 상태 확인 / 풍속 확인(풍속 10m/s 이상 작업 중지)
N층	안전감시단 or 안전관리자	작업 구역 통제 여부 등 전반적인 안전관리 상태 확인
	관리자	계단실 출입 통제시설 설치, 경고표지 배치 및 통제관리
	작업지휘자	CPB 작업팀장, CPB 인상작업 시 작업자 간 상황통제 및 작업관리(인상 시 브래킷 간섭 여부 등)

※ N층 전체 출입통제
- 작업종료 후 관리감독자 작업 재개 승인까지 근로자 통제(계단실 입구 등 폐쇄)
- 구획표시 : 위험테이프 및 경고 표지판

※ 전층: 장비전문가 인상 전 CPB 장비 점검

콘크리트 강도 등 작업 전 확인

풍속 확인(수시 확인)

출입통제 관리

계단실, 해당 층 출입통제

3. CPB 작업 층별 세부 기준

2) N – 2층

구분	업무 분장	세부 내용
N – 2층	관리감독자	• 가설조명 설치 확인(조도 75Lux 확보) • 인상 작업 시 장핀 정착 확인(장핀 정착 식별표시 운영) • CPB 인상단계 완료 후 작업종료 승인(통제 해제) – 작업종료 승인 전 확인사항 : 장핀 및 쐐기 설치 상태 확인 • 최종 설치 후 블록 프레임 볼트, 웨지 상태 확인 / 압송관 고정 상태 확인 / 최하부층 개구부 덮개 및 난간대 설치 확인
	주작업자 1	CPB 인상 유압실린더 작동 및 장핀 반복 설치 ※ 한 칸(67cm) 인상 시 평균 5회로 나뉘어 인상 원칙
	주작업자 2	CPB 인상 시 압송관과 블록 프레임 간 간섭 여부 확인 및 주작업자 보조

인상작업 절차 준수

상승 약 3cm 13번 상부핀 고정
(상부핀으로 지지하중 이동)

15번 하부핀 제거

유압실린더 상승
(1개 핀홀 높이 약 67cm)

16번 하부핀 삽입/고정
(하부핀으로 지지하중 이동)

유압실린더 하강,
14번 상부핀 삽입

마스트 핀 내부 식별표시
(정착 시 적색이 보이지 않도록 표시, 제원 확인)

예시 : 마스트 폭 확인(내부 80cm 식별)

블록 프레임에 장핀 정착 양끝 확인 /
확인 후 유압실린더 장핀 해체

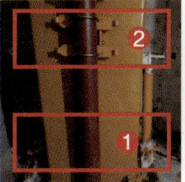
❶번 장핀 장착
확인 후 ❷번 해체

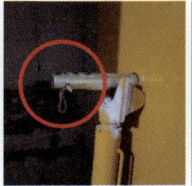
장핀 끝에 안전핀
설치

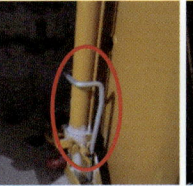
고정용 록(Lock) 철물
설치

관리감독자 확인

가설조명 확인

3. CPB 작업 층별 세부 기준

3) N – 3층

구분	업무 분장	세부 내용
N – 3층	관리감독자	• 가설조명 설치 확인(조도 75Lux 확보) • 항공판 설치 여부 확인 • 인상작업 시 장핀 정착 확인(장핀 정착 식별표시 운영) • CPB 인상단계 완료 후 작업종료 승인(통제 해제)
	작업자 3	• 항공판 설치 • CPB 인상 장핀 반복 설치

이중 안전장치(추가)

장핀 설치(인상에 따라 슬래브 최하부 측으로 장핀 반복 이동 설치)

최하부로 핀 반복 고정

인상층 하부(N–4층)에서 이중 안전핀 추가

장핀 적색 표지가 보이지 않도록 양끝 정착

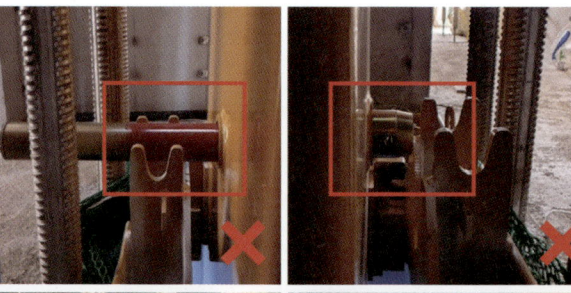

인상 완료 후 위험표지 및 항공판 설치

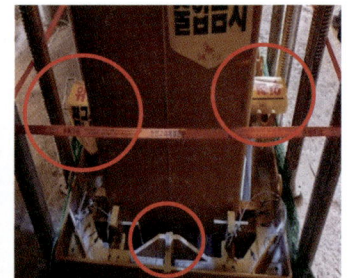

3. CPB 작업 층별 세부 기준

4) N-4, 5, 6, 7층

구분	업무 분장	세부 내용
N-4, 5, 6층	작업자 4	• 380V 전기선 이상 유무 확인 / 압송관 해체(N-6층) • CPB 인상 시 압송관과 블록 프레임 간 간섭 여부 확인(인상에 따라 N-4, 5층 이동) • 인상 완료 후 압송관 추가 설치 • AL 서포트 해체(N-4, 5층) 및 설치(N-1, 2층) - 구조계산서 동일한 조건으로 AL 서포트 설치 • 블록프레임 해체
N-6층	안전시설팀	개구부 덮개 및 안전난간대 설치(인상 완료 후)
N-7층	관리자	계단실 입구 출입통제 및 마스트 주변 통제 경고 표지 부착

블록 프레임 해체 후
최상부 이동 : 타워 인양벨트 확인

압송관 해체 / 설치
: 안전벨트 체결 / 작업대 사용 시 확인

마스트 상승 개구부 덮개 설치

압송관 추가 설치
: 윈치 고정 상태 및 인양도구 확인

작업 주변 통제

4. CPB 사고 사례

사고 형태	CPB 추락사고	사고 일자	2020년 04월 20일 09시경
현장명	부산 동래3차 현장	재해 정도	사망 1명, 부상 3명

4. CPB 사고 사례

주요 구조

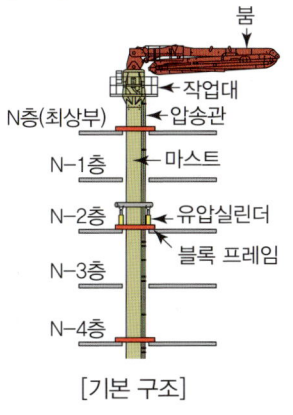

[기본 구조]

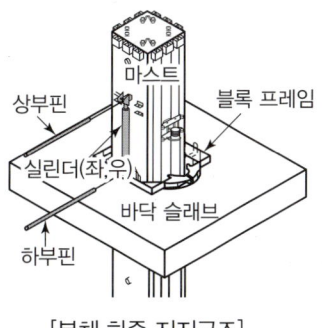

[본체 하중 지지구조]

[지지 부위 설치 모습]

사고발생 과정

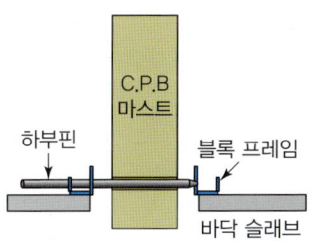

① 하부핀 우측 걸침길이 부족

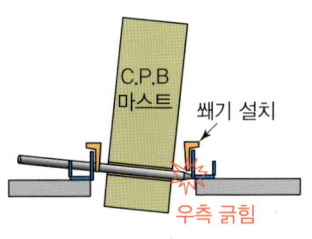

② 우측 지지 부위 이탈

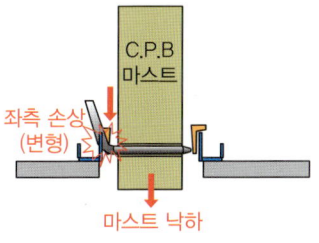

③ 좌측 꺾임 및 낙하

고소작업차
AERIAL WORK PLATFORM(AWP)

1. 고소작업차 점검 포인트
2. 고소작업차 안전점검표
3. 고소작업차 부적합 사례
4. 고소작업차 사고 사례

1. 고소작업차 점검 포인트

❶ 운전원 조작레버
❷ 케이지 연결부 볼트 체결 상태 확인
❸ 아웃트리거 고임 상태 확인
❹ 타이어 공기압 및 구동볼트 상태 확인
❺ 접합부 용접 균열 상태 확인
❻ 턴테이블 볼트체결 상태 확인

2. 고소작업차 안전점검표

1) 당사 관리자용 안전점검표

점검 부위	중요 점검 사항	상태	비고
비상정지 스위치	조종대 비상정지 스위치 작동 상태		
선회부 / 붐	• 선회 시 이상소음 유무 • 고정볼트 상태 / 붐 균열, 변형 유무 및 작동 상태		
붐 인출 와이어로프	소선의 절단, 변형, 킹크 등의 이상 유무		
작업대	• 추락방지시설 및 적재하중 표기 이상 유무 • 작업대 연결볼트 부식, 탈락, 노후 이상 유무		
수평작업반경	수평작업반경 장비 제원 이내 여부		
붐 실린더	• 유압실린더 변형 및 기름 누출 여부 • 유압실린더 상·하부 고정부 파손, 변형 여부		
수평게이지	수평게이지의 설치 및 수평 상태		
아웃트리거	• 유압실린더 누유 및 변형 유무 • 각 부 볼트, 너트, 핀의 체결, 용접부 변형·파손 유무		

3. 고소작업차 부적합 사례

1) 사례 1

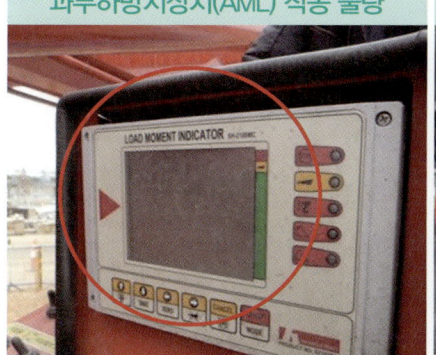
과부하방지장치(AML) 작동 불량

과하중방지장치 작동 불량

문제점
과부하 및 과하중방지장치 기능 상실로 전도 위험

개선안(원인)
안전인증 필수 확인 및 관리감독자 직무 이행 철저

관련 근거
「산업안전보건법」 안전인증 의무 규정(2009년 7월 1일 이후 출고) 및 「고소작업대 제작 및 안전기준」 제89항(안전장치 임의해체) 이행 철저

2) 사례 2

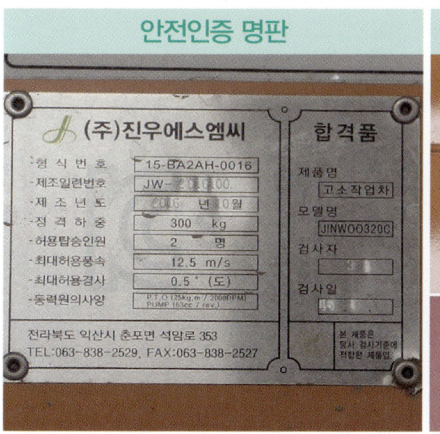
안전인증 명판

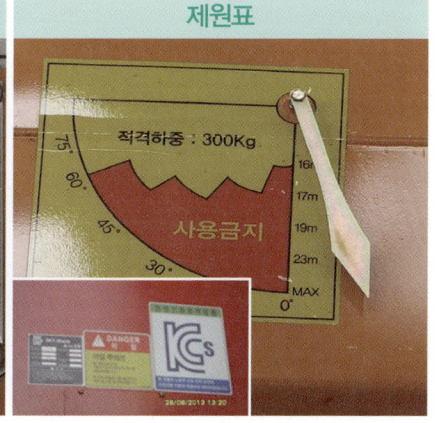
제원표

문제점
과부하 및 과하중방지장치 기능 상실로 전도 위험

개선안(원인)
안전인증 필수 확인 및 관리감독자 직무 이행 철저

관련 근거
「산업안전보건법」 안전인증 의무 규정(2009년 7월 1일 이후 출고) 및 「고소작업대 제작 및 안전기준」 제89항(안전장치 임의해체) 이행 철저

3. 고소작업차 부적합 사례

3) 사례 3

비상정지 스위치

적색돌출 수동 복귀형식

턴으로 리셋 / 푸시로 잠금

문제점
급정지 상황 시 부동작으로 인한 재해 초래

개선안(원인)
안전장치 해지 버튼 현장 입고 시 봉인 관리

중점 관리사항
규정에 맞는 스위치 설치, 작동 여부와 수백 번 작동 시에도 동작이 차단되도록 철저한 관리 필요

4) 사례 4

인디케이터 작업 제원

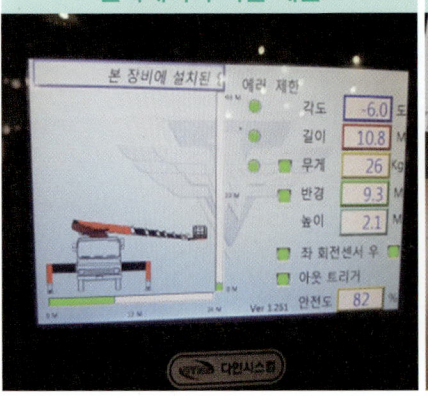

장비 제원표(수평작업 가능반경 표기)

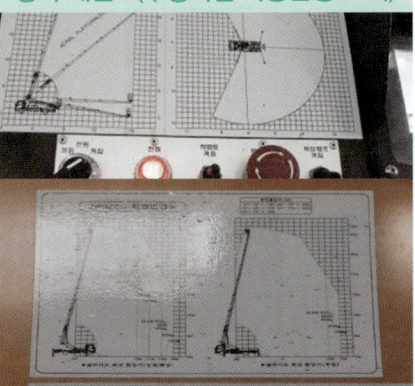

문제점
장비 제원 미준수로 장비 전도사고 위험 상존

개선안(원인)
장비 제원의 80~90% 제원으로 작업 허용(건설사별, 현장별)

중점 관리사항
사용 제원 붐대 표기로 관리자의 제원 확인이 용이하도록 관리

3. 고소작업차 부적합 사례

5) 사례 5

수평게이지의 설치 및 수평 상태

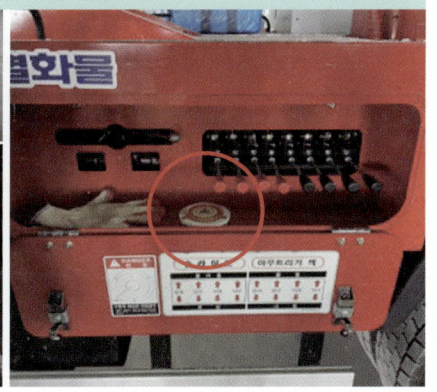

문제점
장비 수평 상태 불량 시 전도 위험 상존

개선안(원인)
좌·우측 수평 상태 기준허용치 내 유지 확인

중점 관리사항
붐 선회 및 인출에 따라 변위되는 수평 상태를 작업 전에 철저히 확인

6) 사례 6

아웃트리거 미확장 및 고임 부적합 | **동일 문제점으로 인한 전도사고 사례**

문제점
아웃트리거 미확장 및 고임 불량으로 전도사고 위험

개선안(원인)
아웃트리거 설치 장소 협소(확장 및 지반다짐 미흡)

관련 근거
「산업안전보건기준에 관한 규칙」 제186조제2항 준수(고소작업대 설치)
: 아웃트리거 4개소를 최대 확장한 상태에서 작업 시행

3. 고소작업차 부적합 사례

7) 사례 7

붐실린더 용접부 크랙 발생

정상 상태

문제점
붐 실린더 용접 부위 및 몸체부 균열 발생·파단으로 전도 위험

개선안(원인)
균열 부위 보강 용접

중점 관리사항
반입 시 점검 철저 및 일일 작업 전 점검 실시

8) 사례 8

1단 붐 유압실린더 인출

그 외 붐은 와이어 또는 체인으로 인출

문제점
붐 인출용 와이어 또는 체인 절손으로 붐 수축 (작업대 하강)

개선안(원인)
점검이 불가능한 부위의 손상 여부는 주기적인 공장 입고 점검이 필요

중점 관리사항
본체 정기 안전점검 주기와 더불어 점검 후 이상 여부 점검관리 서류 확인

3. 고소작업차 부적합 사례

9) 사례 9

작업대 난간대 미설치(1개소)

정상 상태

문제점
난간대 미설치로 작업자 추락 위험

개선안(원인)
4면 전체 난간대 설치 및 개인별 2점 지지 수직 생명줄 설치

중점 관리사항
작업대 탑승자 수시 교육으로 안전 의식 생활화

10) 사례 10

작업자 추락방지 시설 설치

작업대 보강대 균열

문제점
작업대 임의 손상, 개조 및 작업자 추락방지 조치 미실시

개선안(원인)
장비 전도 시에도 작업자 추락방지 조치 설치 및 사용 철저

중점 관리사항
① 작업자 수직생명줄 및 추락방지대 사용
② 작업장소 하부 통제자 상시 안전작업 관리

3. 고소작업차 부적합 사례

11) 사례 11

탑승용 작업대 출입문 고정핀 미체결

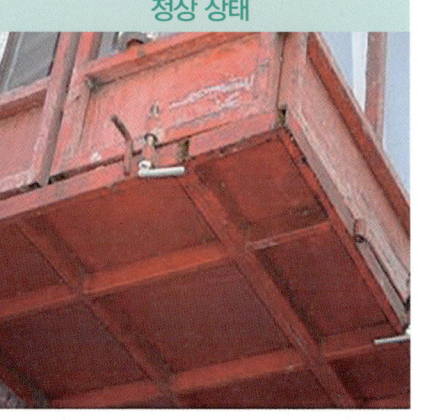
정상 상태

문제점
작업대 출입문 이탈로 추락 사고 위험 내재

개선안(원인)
작업 전 점검, 탑승자 및 하부 통제자 교육 실시

중점 관리사항
사용 전 점검 철저, 조종원 교육 실시

12) 사례 12

유압실린더 변형 및 기름 누출 여부

유압실린더 상하부 고정부 파손, 변형 여부

문제점
실린더 각종 실(Seal) 손상으로 누유 발생

개선안(원인)
제원 초과 작업으로 붐 변형 또는 충돌로 인한 손상

중점 관리사항
기복실린더 미세 누유 현상이라도 조치 후 작업 진행, 실린더 고정부 볼트 및 용접 상태 이상 발생 여부 확인

3. 고소작업차 부적합 사례

13) 사례 13

아웃트리거 각 부 볼트 · 너트 · 핀의 체결, 용접부 변형 · 파손 유무

문제점
각 부 체결볼트 건전성 확인

개선안(원인)
지면 이격 후 경보 및 경고등 작동 여부 확인

중점 관리사항
볼트 이완 및 교체 시 충분한 강도를 유지한 부품으로 교체, 경보등 안전장치 동작 여부 확인

4. 고소작업차 사고 사례

1) 사고 사례 1

재해 상황도

※ 출처 : 한국산업안전보건공단

재해 개요
건물 8층 백패널 설치작업을 위해 부 연장작업 중 턴테이블이 파단되면서 붐의 전도와 함께 32m 아래 지상 콘크리트 바닥으로 추락하여 사망한 재해

안전 대책
① 작업 시 취급설명서상의 작업반경도 내에서 사용
② 상부의 견고한 구조물에 안전대 부착 설비(구명줄)를 설치

4. 고소작업차 사고 사례

2) 사고 사례 2

재해 상황도

※ 출처 : 한국산업안전보건공단

재해 개요

작업대에 유리 6장, 피재자 4명이 탑승 후(약 500kg) 붐 상승 중 19.5m에서 인출용 와이어 단말부 고정볼트가 파단되면서 붐이 접히는 충격에 피재자가 추락하여 사망한 재해

안전 대책

① 추락, 낙하 등의 위험방지를 위한 작업계획 철저
② 적재하중 이내에서 작업 진행, 안전난간 및 수직생명줄을 견고하게 설치

4. 고소작업차 사고 사례

3) 사고 사례 3

※ 출처 : 한국산업안전보건공단

재해 개요

외벽 패널 설치를 위해 붐대 인장작업 중 전면 아웃트리거 받침목 단부 파손에 의한 충격으로 차체가 전도되면서 작업대 안전난간에 안전대를 체결하던 피재자들이 작업대와 함께 지상으로 추락한 재해

안전 대책

아웃트리거 받침목은 결함이 없는 충분한 강도를 유지하는 부재 사용

굴착기
BACK HOE

1. 굴착기 어태치먼트 & 스마트 안전장치
2. 굴착기 주요 구조부
3. 굴착기 점검 포인트
4. 굴착기 점검 방법
5. 굴착기 작업 시 참고사항
6. 굴착기 부적합 사례
7. 굴착기 사고 사례

1. 굴착기 어태치먼트 & 스마트 안전장치

1) 굴착기 어태치먼트

집게 / 버킷집게 / 버킷 / 크러셔 / 브레이커 / 리퍼

2) 굴착기 스마트 안전장치

SAFETY

보이지 않는 위험이 더 큰 위험, 그래서 더 안전하고 더 안심이 됩니다.

Top View / Rear View / Top + Right View / Top + Rear View / 3D View

AVM(Around View Monitor) 시스템(옵션)
하늘에서 보는 듯한 Top View, 우측방 사각지대를 해소하는 Top+Rear View 등 총 5가지의 View Mode를 지원하여 보다 안전한 작업을 돕는다.

후방 경고 시스템(옵션)
후·측방에 있는 8개의 센서를 통해 위험 반경 내 위험물이 감지되면 영상 신호와 경고음을 울리는 안전 시스템이다 (위험물이 가까워질수록 모니터에 표시 및 연속음으로 거리 구분이 가능).

2. 굴착기 주요 구조부

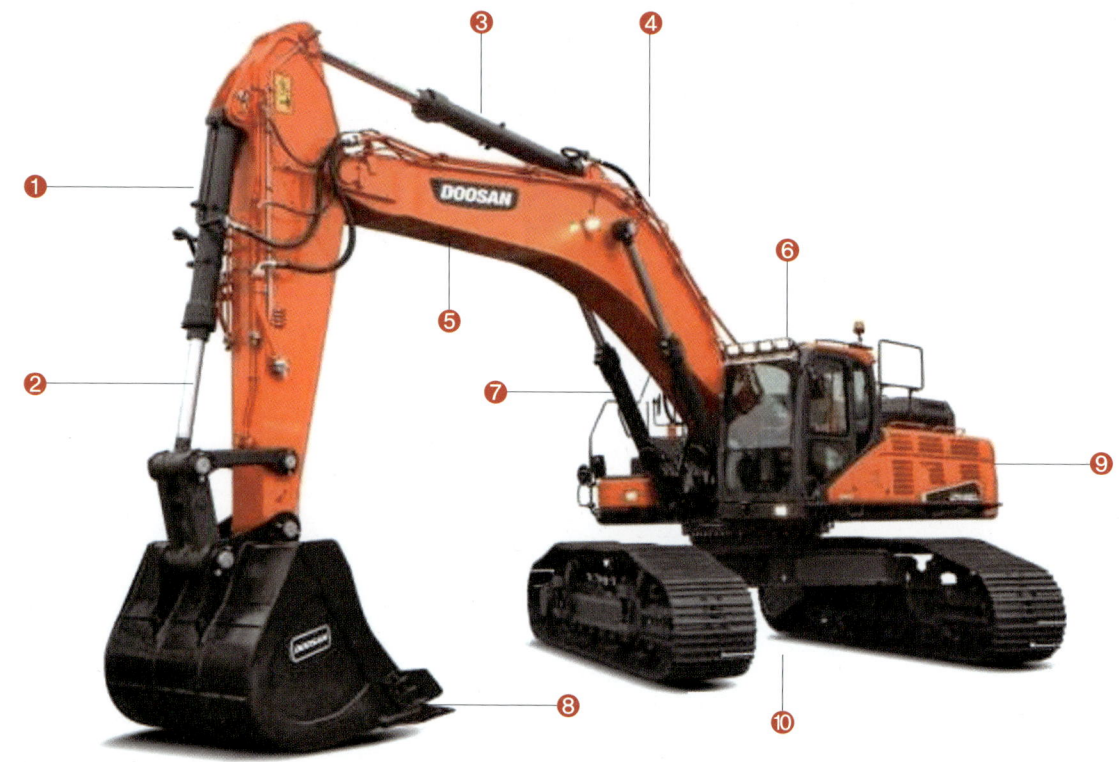

❶ 암(Arm)
❷ 버킷 실린더
❸ 암 실린더
❹ 유압 파이프
❺ 붐(Boom)
❻ 캐빈(Cabin)
❼ 붐 실린더
❽ 버킷(Bucket)
❾ 카운터 웨이트
❿ 하부체

3. 굴착기 점검 포인트

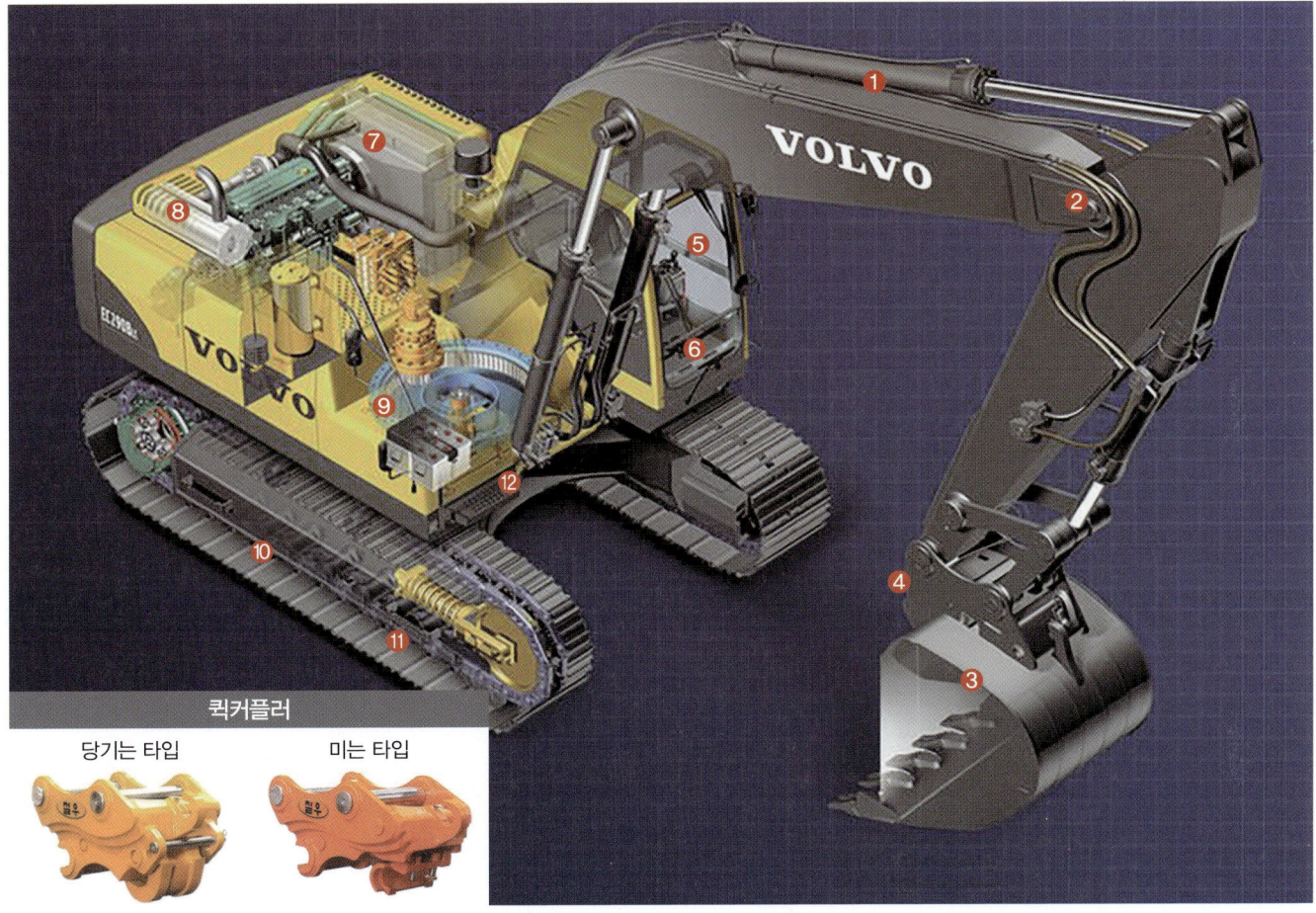

퀵커플러

당기는 타입   미는 타입

① 유압장치 및 유압호스, 실린더 이상 유무
② 주요 구조 연결부 균열 발생 여부 및 체결 핀류 체결 상태
③ 버킷링크 안전핀 사용 유무
④ 링크핀의 수직핀 이상 유무
⑤ 운전원 자격 유무(장비이력카드) 및 시야 확보 유무
⑥ 전조등 작동 유무
⑦ 엔진룸 기름 유출 유무
⑧ 후진경고음 작동 유무
⑨ 사이드미러 부착 유무
⑩ 주행모터 및 감속기 이상 유무
⑪ 궤도 및 슈의 이상 유무
⑫ 스윙기어 이상 유무

4. 굴착기 점검 방법

1) 당사 관리자용 안전점검표

점검 부위	중요 점검 사항	상태	비고
버킷	버킷 이탈방지 안전핀은 체결되어 있는가?		
후사경	후사경, 후방카메라, 후진경고음 장치 설치 및 작동 여부		
유압실린더	유압실린더 및 유압호스의 변형 및 기름 누유는 되지 않았는가?		
운전실	① 버킷 탈부착 스위치 로터리식 및 이중 안전장치(커버식) 부착 여부 ② 암파쇄 작업 시 운전실 전면에 보호망은 설치되어 있는가? ③ 운전실 안전레버 작동 여부		
선회부 트랙	이상소음, 고정볼트 체결, 균열, 변형, 트랙 이탈은 되지 않았는가?		
기타	① 장비실명제는 부착되어 있으며 운전원은 면허를 보유하고 있는가? ② 주용도 외의 작업은 하지 않으며 운전원은 안전벨트를 착용하는가? ③ 독립작업 외의 교행작업, 근로자 주변 작업 시 신호수는 배치되어 주변 통제를 하는가?		

4. 굴착기 점검 방법

2) 굴착기 외관 및 형식 점검

① 굴착작업 용량 및 용도 확인
② 작업량과 용도에 맞는 장비 결정
③ 작업 전 해당 장비는 후진경고음(경광등) 부착, 작동 여부 확인
④ 작업 전 작동상태 점검 후 이상 결함 여부 확인

3) 굴착기 하부 점검

① 굴착기 붐실린더 누유 점검
② 굴착기 조향 실린더 누유 및 조향기능 확인 및 점검
③ 하부 구동장치 누유 확인 및 점검
④ 작업 전 작동상태 점검 후 이상 결함 여부 확인

4. 굴착기 점검 방법

4) 버킷

(1) 버킷 이탈방지 안전핀은 체결되어 있는가?

버킷 안전핀 체결 불량 상태

관리 용이하도록 컬러 코팅

문제점
이탈핀 미체결 시 버킷 작업 중 탈락

개선안(원인)
버킷 탈·부착 및 작업 시 탈락으로 작업자 재해 발생 잦은 사례

관리 포인트
전문가가 아니라도 현장 관리자 누구나 관리 용이하도록 표식 관리

5) 후사경

(1) 후사경, 후방카메라, 후진경고음 장치 설치 및 작동 여부

후사경 및 후방카메라 탈락

거리센서로 장비 근접 경고

문제점
후사경, 후방카메라 탈락 및 기능 상실로 작업자 근접 확인 불가

개선안(원인)
근접 작업 또는 통행 중 충돌 재해

관리 포인트
거리센서로 운전원과 작업자 동시 진동, 경보로 재해 방지(5m 이내 근접 시 운전원 헬멧 진동과 장비 경보 동작)

4. 굴착기 점검 방법

6) 유압실린더

(1) 유압실린더 및 유압호스의 변형 및 기름 누유는 되지 않았는가?

브레카 유압오스 외피 손상

붐 직선 확장 후 처짐 확인

문제점
유압호스 손상 시 가압에 의한 파열로 근접 작업자, 신호수 재해 위험

개선안(원인)
연결부 및 호스 정기적 확인과 손상 시 즉시 교체

관리 포인트
미세 누유 확인 시에는 붐 확장 후 버킷부 처짐 발생 시 보완 관리

7) 운전실

(1) 버킷 탈부착 스위치 로터식 및 이중 안전장치(커버식) 부착 여부
(2) 암파쇄 작업 시 운전실 전면에 보호망은 설치되어 있는가?
(3) 운전실 안전레버 작동 여부

브레카 작업 시 보호망 미설치

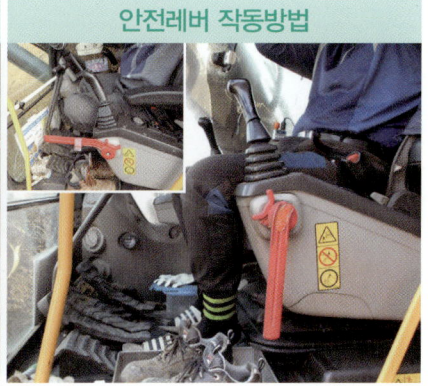
안전레버 작동방법

문제점
보호망 미설치로 유리 파손에 운전원 재해 위험

개선안(원인)
브레카 작업 시에는 보호망 설치와 버킷 탈부착 스위치 규정 준수

관리 포인트
① 안전레버 임의 훼손 및 기능 상실 행위 근절
② 운전수 이석 시에는 반드시 시동 정지와 안전레버 작동 후 이석

4. 굴착기 점검 방법

8) 선회부 트랙

(1) 이상소음, 고정볼트 체결, 균열, 변형, 트랙 이탈은 되지 않았는가?

선회부 체결볼트

트랙부 확인

문제점
선회부 볼트 파손으로 상부체 전도 위험

개선안(원인)
선회베어링부 급지와 체결볼트는 수시 풀림, 파단 상태 확인

관리 포인트
궤도부 롤러 및 스프라켓 마모로 이탈위험부 주기적 마모 상태 확인

9) 기타

(1) 장비실명제는 부착되어 있으며 면허를 보유하고 있는가?
(2) 주용도 외의 작업은 하지 않는가?
(3) 교행작업, 근로자 주변작업 시 신호수는 배치되어 통제하는가?

실명제 식별 용이한 개소 부착

장비 주용도 외 작업 근절

문제점
단독 작업과 관리 부실로 전도 및 협착 사고 발생

개선안(원인)
교행작업과 이동 시 유도원 또는 신호수 배치

관리 포인트
운전원과 실명제 일치 여부 확인(일일운전원 대치 사용) 및 금지된 작업 실행 여부 확인 관리

5. 굴착기 작업 시 참고사항

1) 참고사항 1

「산업안전보건기준에 관한 규칙」 제221조의5(인양작업 시 조치)
① 사업주는 다음 각 호의 사항을 모두 갖춘 굴착기의 경우에는 굴착기를 사용하여 화물 인양작업을 할 수 있다.
  1. 굴착기의 퀵커플러 또는 작업장치에 달기구(훅, 걸쇠 등을 말한다)가 부착되어 있는 등 인양작업이 가능하도록 제작된 기계일 것
  2. 굴착기 제조사에서 정한 정격하중이 확인되는 굴착기를 사용할 것
  3. 달기구에 해지장치가 사용되는 등 작업 중 인양물의 낙하 우려가 없을 것
② 사업주는 굴착기를 사용하여 인양작업을 하는 경우에는 다음 각 호의 사항을 준수해야 한다.
  1. 굴착기 제조사에서 정한 작업설명서에 따라 인양할 것
  2. 사람을 지정하여 인양작업을 신호하게 할 것
  3. 인양물과 근로자가 접촉할 우려가 있는 장소에 근로자의 출입을 금지시킬 것
  4. 지반의 침하 우려가 없고 평평한 장소에서 작업할 것
  5. 인양 대상 화물의 무게는 정격하중을 넘지 않을 것
③ 굴착기를 이용한 인양작업 시 와이어로프 등 달기구의 사용에 관해서는 제163조부터 제170조까지의 규정(제166조, 제167조 및 제169조에 따라 준용되는 경우를 포함한다)을 준용한다. 이 경우 "양중기"또는 "크레인"은 "굴착기"로 본다. [본조신설 2022. 10. 18.]

5. 굴착기 작업 시 참고사항

2) 참고사항 2

후사경

후방영상표시장치

「산업안전보건기준에 관한 규칙」 제221조의2(충돌위험 방지조치)
① 사업주는 굴착기에 사람이 부딪히는 것을 방지하기 위해 후사경과 후방영상표시장치 등 굴착기를 운전하는 사람이 좌우 및 후방을 확인할 수 있는 장치를 굴착기에 갖춰야 한다.
② 사업주는 굴착기로 작업을 하기 전에 후사경과 후방영상표시장치 등의 부착상태와 작동 여부를 확인해야 한다. [본조신설 2022. 10. 18.]

3) 참고사항 3

좌석안전띠의 착용

「산업안전보건기준에 관한 규칙」 제221조의3(좌석안전띠의 착용)
① 사업주는 굴착기를 운전하는 사람이 좌석안전띠를 착용하도록 해야 한다.
② 굴착기를 운전하는 사람은 좌석안전띠를 착용해야 한다. [본조신설 2022. 10. 18.]

6. 굴착기 부적합 사례

1) 사례 1

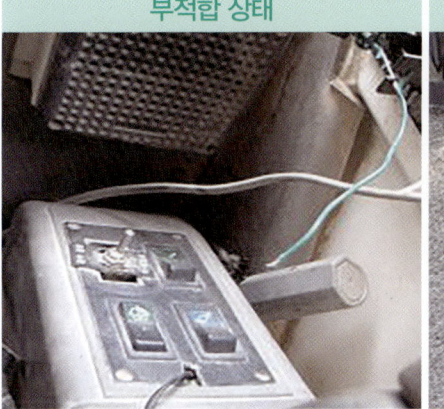
부적합 상태

정상 상태

문제점
안전장치 상시 해지 상태 운행으로 안전사고 발생

위험 요인
기능 저하 및 기능 상실로 인하여 재해 발생 요인

중점 관리사항
작업반장 및 안전관리자 회수 후 작업종료 시 반환제도 시행

2) 사례 2

부적합 상태(비규격 버킷 사용)

정상 상태

문제점
버킷 비규격품 장착 및 용적 증대(장비 제원 초과)

위험 요인
버킷 용량 증대(제원 초과)로 경사지 작업 시 전도 사고 위험

중점 관리사항
최초 반입 시 굴착기 버킷 용량의 적합 여부 점검

6. 굴착기 부적합 사례

3) 사례 3

장비 용도 외 사용

문제점
장비용도 외 사용으로 작업자 추락 및 장비 전도 사고 위험

개선안
건설기계 작업계획서 수립 및 이행 철저

관련 근거

「산업안전보건기준에 관한 규칙」 제204조 **(주용도 외의 사용 제한)** 사업주는 차량계 건설기계를 그 기계의 주된 용도에만 사용하여야 한다. 다만, 근로자가 위험해질 우려가 없는 경우에는 그러하지 아니하다.

6. 굴착기 부적합 사례

4) 사례 4

버킷 유압커플러 안전핀 미체결

후방 감시카메라 미설치

문제점

버킷 안전핀 및 후방 감시카메라 미설치로 중대사고 우려

개선안

반입 및 사용 전 점검 철저

관련 근거

「건설기계 안전기준에 관한 규칙」 제162조 **(연결장치)** 연결장치는 정확하게 동작하여야 하고, 진동 또는 충격에 의하여 분리되지 아니하는 구조이어야 한다.

「산업안전보건기준에 관한 규칙」 제221조의 2**(충돌위험 방지조치)** 사업주는 굴착기에 사람이 부딪히는 것을 방지하기 위해 후사경과 후방영상표시장치 등 굴착기를 운전하는 사람이 좌우 및 후방을 확인할 수 있는 장치를 굴착기에 갖춰야 한다.

6. 굴착기 부적합 사례

5) 사례 5

안전핀 미체결

정상 상태

「산업안전보건기준에 관한 규칙」 제221조의4(잠금장치의 체결) 사업주는 굴착기 퀵 커플러(Quick Coupler)에 버킷, 브레이커(Breaker), 크램셸(Clamshell) 등 작업장치(이하 "작업장치"라 한다)를 장착 또는 교환하는 경우에는 안전핀 등 잠금장치를 체결하고 이를 확인해야 한다. [본조신설 2022. 10. 18.]

7. 굴착기 사고 사례

① 버킷 내부 탑승 금지

② 굴착작업 시 하부 통제

③ 굴착기 작업 후진 중 협착

④ 굴착기로 각 자재 이동금지

⑤ 굴착기 선회 시 작업반경 내 경계 표식 설치

⑥ 굴착기 무자격자의 오조작으로 협착

※ 출처 : 한국산업안전보건공단

MEMO

건설기계 특별안전교육

발 행 일 / 2025년 9월 15일 초판 발행
저　　자 / 방승식 · 김태수 · 정찬용 · 김수만 · 양용구
발 행 인 / 정용수
발 행 처 / 예문사
주　　소 / 경기도 파주시 직지길 460(출판도시) 도서출판 예문사
T E L / 031) 955-0550
F A X / 031) 955-0660
등록번호 / 11-76호

정가 : 23,000원

- 이 책의 어느 부분도 저작권자나 발행인의 승인 없이 무단 복제하여 이용할 수 없습니다.
- 파본 및 낙장은 구입하신 서점에서 교환하여 드립니다.

예문사 홈페이지 http://www.yeamoonsa.com

ISBN 978-89-274-5950-7　13530